后浪

[英] 基娅拉·玛丽亚·佩特罗 CHIARA MARIA PETRONE

[意] 罗伯特·斯坎多内 ROBERTO SCANDONE ●

[英] 亚历克斯·惠特克 著 ALEX WHITTAKER

邓柯彤 译

邓卫国 审校

地震与火山

VOLCANOES & EARTHQUAKES

地球的创造与毁灭

浙江教育出版社·杭州

目 录

引 言

火山和地震是地球上最具威力的两种自然力量，直观可感、蔚为壮观，通常具有高度的破坏性。我们对火山满心敬畏，又为地震的不可预测、破坏力极强而惊慌不已。但凡经历过地震的人都会对它永生难忘。经历人生中的第一次地震时，我还是个小孩子。后来事实证明，那是一场破坏性极强的大地震。当时，我和父母住在意大利中南部。近 40 年后，那可怕的场景仍历历在目，我仍记得与家人一起冲下四层楼的楼梯的经历。地震发生前20 分钟，家里的狗向我们发出警报。地震时，它在一处拱门柱下找到了一个安全地点，坚决不肯离开公寓。地震发生的那几秒仿佛永无尽头。不过，我们距离震中很远，因此幸免于难，公寓和所在的城镇也都完好无损。但震中附近的区域惨遭破坏，伤亡人数极高。

我第一次与火山相遇的经历相对轻松有趣。那是地震发生的几年后，我已是一名少年。与家人在西西里岛度假时，我看到埃特纳火山喷发出奇异的熔岩流，那份美丽让我深深着迷。而周围的景象让人恍若置身月球。我深感敬畏，立刻爱上了火山。我发现我喜爱的凉鞋完全不适合在火山附近行走，鞋底有些地方已因炙热的熔岩流而有些许熔化，但我依然决定继续在山坡上走下去，尝试窥探火山的秘密。

后来，我认识到，仅仅从一块岩石，甚至从形成它的矿物质中便可以对火山了解颇多。矿物质是火山的信使，其化学成分和质地特征保存了大量的信息。只要解开岩石的秘密，就可以了解火山喷发的过程和时间。

火山和地震并非随机分布或发生在地球表面，板块构造决定了它们分布在什么位置、是否会出现。板块构造是地球独有的引擎。到目前为止，地球是人类已知的唯一具有板块构造的星球。在地球 46 亿年的生命中，板块构造塑造了地球的面貌，并持续改变着地貌。但是，这个过程非常缓慢，我们感知不到它正在发生。这些内部力量有利于人类的生活，为我们提供了土壤、地热能、矿物质等许多不可或缺的自然资源，从而让生命的存在成为可能。

本书讲述了与板块构造、火山和地震相关的一些重要知识，能够回答您对这些话题可能抱有的疑问。从板块构造学诞生之初激动人心的洞见，到仍处于发展中的最新观点，亚历克斯·惠特克博士将带您纵观板块构造学

图 2　2002 年，意大利埃特纳火山喷发

的诞生与发展现状。罗伯特·斯坎多内教授将借助一些著名的案例，详细探讨地震的强大破坏力，以及如何在这种强大的自然力量面前保护我们的生命。最后，我（基娅拉·玛丽亚·佩特罗博士）将从个人视角出发，结合最近涌现的科学概念，讨论各种类型的火山与火山喷发活动，及其对我们的生活，乃至对这颗星球的影响。科学知识可以有力地促进旨在尊重自然现象、满足活火山附近社区居民需求的必要对话。我、亚历克斯和罗伯特真诚地希望您会喜欢这本书。

① 地质构造

地球是独特的。从太空中遥望，大陆分布奇特，深蓝色的浩瀚海洋将之分隔开来，景象迷人。地球表面积约为 5.1 亿平方千米，其中仅有约 29% 的部分是被包含在"陆壳"（continental crust）范围内的陆地。其余为海洋，覆盖约 71% 的地表。海洋平均深度不到 4 千米，海底是一层薄薄的深海沉积物和洋壳（oceanic crust）。众所周知，地球上存在着极端地形（topographic extreme），这一点在陆地上体现得尤为明显。例如，地球上既有喜马拉雅山脉或阿尔卑斯山脉等高海拔山区，也存在低地平原和森林。而海底的地形更为极端，大西洋中部等一些地区深度较小，但个别海沟（oceanic trench）可能会深达 10 千米以上。从海拔约 9 千米的珠穆朗玛峰，到深约 11 千米的著名的太平洋马里亚纳海沟（Mariana Trench），地表海拔相差了近 20 千米。这是为什么？

首先要问问，为什么地球会有这些高峻的山峰和极深的海沟？尤其是它们经常一起出现，例如在南美洲的太平洋沿岸。更令人惊奇的是，这些特征常与活火山和地震有关。它们如何联系在一起？地球一直是这样的吗？这些地形和地质特征是在短期还是长期内演变出来的？陆地和海洋的位置从未改变吗？很长一段时间内，这些问题根本没有适当的解释，直到 20 世纪 60 年代，合理的解释才真正出现。今天，这些问题终于有了科学的答案。

解释这些地球特征，以及作为一个系统的地球的其他活动表现的理论，是 20 世纪科学家最重大的发现之一。这种革命性的理论被称为板块构造学说（plate tectonics）。"构造"一词源自希腊语"tektonikos（τεκτονικός）"，

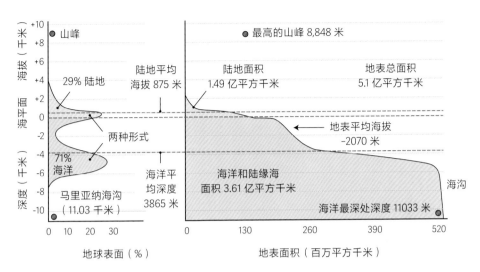

图 4 地球上高于海平面和低于海平面的地形分布。左图显示了地球表面地形分布的百分比与海拔（或深度）的函数关系。极端地形相差近 20 千米

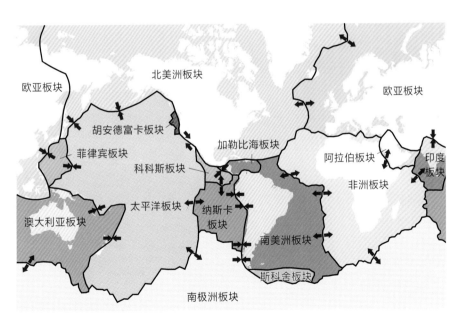

图 5 地球主要板块构造图

意思是"与建筑有关"。从前，构造被用作造山运动、地震和火山活动等过程的总称。板块构造理论将这些物理过程、地球地形及地质历史置于一个统一的理论框架下。现在，地球表面至少可被分为 13 个主要构造板块和几个较小的板块。这些板块通常是刚性的，大小不一，并且以每年几厘米的速度（约等于指甲生长速度）移动。这种运动速度足以让太空中的卫星，包括在智能手机和汽车中使用的全球定位系统（GPS）技术测量到。我们将看到，板块彼此远离、靠近、会合之处，会形成山脉和海洋，并且可能引发地震和火山喷发。在本章中，我们将探讨此宏伟理论如何产生，又如何揭示了地球表面的地质过程。

大陆漂移学说诞生

大陆和海洋是否在时间和空间上固定不变，这个问题由来已久。16 世纪以来，亚伯拉罕·奥特里乌斯（Abraham Ortelius）、弗朗西斯·培根（Francis Bacon）和安东尼奥·斯尼德（Antonio Snider）等诸多自然哲学家都曾对大西洋两岸如拼图般相互吻合的大陆作出评论，推测它们是否曾经彼此连接。例如，奥特里乌斯在其 1596 年出版的《地理百科全书》（*Thesaurus Geographicus*）一书中提出，南北美洲因地震和洪水而与欧洲及非洲分裂开去。19 世纪晚期，奥地利地质学家爱德华·苏斯（Eduard Suess）以此为基础，指出当今南半球的所有大陆曾是一个单一的大陆，并将之命名为冈瓦纳大陆（Gondwanaland）。大陆漂移（continental drift）的早期支持者中，最著名的也许是德国气象学家和地质学家阿尔弗雷德·魏格纳（Alfred Wegener），他在 1912 年和 1915 年的两篇论文中提出了这一理论并创造了这个术语。重要的是，他对大陆漂移的论证不仅仅基于南美洲与非洲海岸线形状的相似性。魏格纳还表明，大西洋两岸可见的地质特征，包括晶体

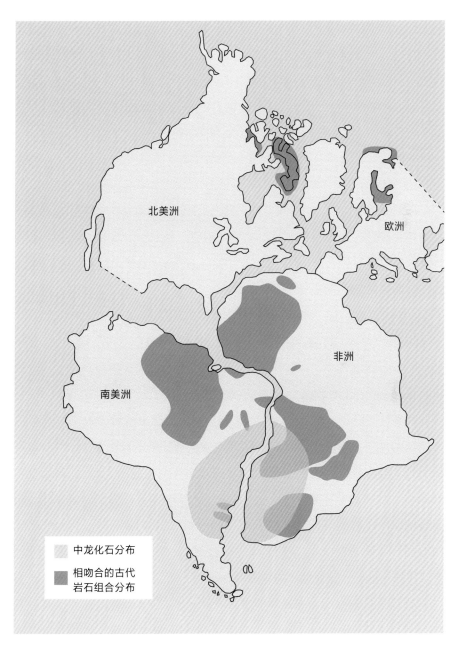

图6 大西洋两岸的古代岩石组合和中龙化石分布彼此吻合。虚线表示不确定的边界线

和古代岩石组合、冰川沉积的分布以及岩层走向，都具有很高的吻合度。此外，脊椎动物的分布等古生物学化石证据也支持了这一观点，相同的化石表明两片区域最初拥有共同的历史。随着大西洋的"诞生"和大陆的分离，化石组合（fossil assemblage）的差异显示了不同生态系统随时间流逝而发生的演变。如今，我们认为许多证据都是无可争议的。

尽管如此，魏格纳的观点最初还是受到许多人的抵制。要理解其中缘由，就必须认识到，魏格纳等人未曾针对大陆漂移可能的运作方式提出合理的科学机制。地壳（crust）如此坚硬，真的能以这种方式变形和漂移？这一切实际如何运作？没有人提出合理的解释。起初，魏格纳认为大陆可能漂浮于坚固的洋壳中，并受到潮汐力拖曳。物理学家嘲笑这不可能。诚然，这种解释是完全错误的，但就地质观察而言，魏格纳走在了正确的道路上。

从海底扩张到板块构造

直到 20 世纪 60 年代，科学家对板块构造学的理解才取得突破性进展。尽管不常为人所知，但此进展确实得益于 20 世纪上半叶，人们对地球内部结构的更深入理解。那时，通过研究自然地震产生的地震波，科学家得出结论：地球拥有一个金属地核（core），地核被致密岩石构成的厚厚地幔（mantle）包围。地幔的一小部分实际处于熔融状态，而大部分非常脆弱。尽管是固体，但从长期来看，它可能会变形或流动。位于地幔之上的地壳实际上非常薄，在大陆上平均厚度为 40 千米，在海底则通常仅有 7 千米厚。相对于地球近 13000 千米的直径而言，这是一个非常小的数字！

地球的内部结构分为地核（镍－铁核心）、地幔和地壳。地幔由一种硅含量相对较低、被称为橄榄岩（peridotite）的岩石组成。地壳在各大陆上的主要成分为花岗岩（granite），海洋下则为玄武岩（basalt）。地球结构的外层也可以用相对强度来描述。地壳和地幔顶部的几千米为岩石圈（lithosphere），这是地球刚性、易碎的外壳。软流圈（asthenosphere）是地幔中温暖、相对柔软的部分，可以在固态下流动和对流。地球的板块由岩石圈组成，位于软流圈之上。

早在 1928 年，英国地质学家阿瑟·霍姆斯（Arthur Holmes）已知刚性地壳之下是可能会流动的地幔，因此他提出地幔中的对流力可能推动了大陆运动，而地幔岩石中放射性元素的自然衰变为其提供了热（能）量。但是在 20 世纪 30 年代和 40 年代，我们没有卫星数据来验证这些大陆是否在移动，因此需要从其他地方寻找证据。海底扩张学说（sea-floor spreading）是一个重大发现。第二次世界大战期间进行的测深学研究（即海床研究）表明，大西洋中部实际上有一条高耸的海岭贯穿其中，在那里可以探测到

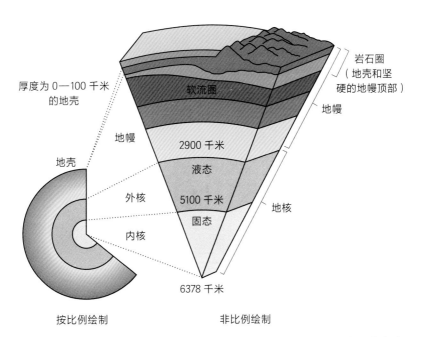

图 7 地球构造显示相对较薄的地壳位于地幔之上，地幔虽然坚固，但仍可变形或流动

与延伸地带［裂谷（rifting）］有关的地震。

　　事实证明，各处的洋壳均由黑色玄武岩组成，而非花岗岩，后者是大陆内部的主要成分。进一步的航海研究表明，这类大洋中脊也可能存在于太平洋和印度洋。20 世纪 60 年代，海洋中脊的扩张经两大方法得到了确切的证实。首先，在这些地方，上升的炽热岩浆（熔融岩石，见第 2 章）不断产生年轻的玄武岩（即年轻的洋壳）。所有的地震数据均表明，这部分位置的地壳正被撕裂。而最终的定论来自对于海底玄武岩磁异常（magnetic anomaly）的研究。当火成岩冷却到一定温度之下时，岩石中的磁性矿物会获得剩余磁化强度，从而记录当时的地球磁场。此外，地球磁场每几十万

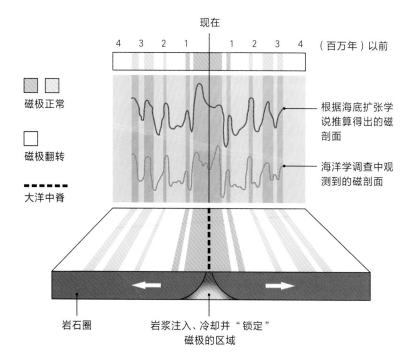

图 8　地球磁场每隔几十万年便会发生一次逆转，并记录在岩石中。大洋中脊两侧的玄武岩中发现的完全相同的翻转痕迹，证实了海底扩张学说

年就会翻转（magnetic reverse）一次。因此，火成岩在测量时会显示正异常或负异常。性能优良的磁力计（一种用于测量此类信号的仪器）早在第二次世界大战期间就被研发出来，最初用于检测外壳由钢板制成的潜艇。因此，地球科学家在测量横跨中大西洋海岭（Mid-Atlantic Ridge）的磁场时，有了一项重大发现：海洋玄武岩含有正磁或负磁的条纹，且走向与大洋中脊平行。

而且，洋脊两侧的正负向磁化的条纹是完全对称的，其变化可以预测，从而捕捉地球磁场的规律性翻转。这充分说明了一件事——玄武岩（洋壳）在大洋中脊处形成，而后随着新岩石的出现被推向两侧。随着时间推移，磁化方向时而相反的全新玄武岩逐渐形成，海底随之扩张。1963年，地质学家弗雷德里克·范恩（Frederick Vine）和德拉蒙德·马修斯（Drummond Matthews）在顶尖科学期刊《自然》（Nature）上发表了一篇论文来阐述这些发现。这些技术性的发现具有突破性意义，意味着大西洋每年都会扩张几厘米！该论文同时说明大洋中脊附近的洋壳年轻而温暖，而大西洋靠近美洲、非洲和欧洲大陆边缘的洋壳古老、冰冷且密度大（我们现在已经知道这完全正确）。数千万年前，这些古老的洋壳也在中大西洋海岭形成，那时的大西洋比如今狭窄得多！最终，我们观测到了与魏格纳所提出的地质重构相吻合的证据，这些证据证实了他的大陆漂移学说。

要将海底扩张和大陆漂移的观测证据转变为系统的板块构造理论，还需要进行更多的思考。争论如下：如果海洋确实在扩张，那么是否意味着地球其实正在膨胀？例如，在地球周长不变的前提下，大西洋底部如何长期维持扩张状态？ 20世纪60年代，研究海底扩张的地球科学家无法找出这个问题的答案，因此相信我们必定生活在一个不断膨胀的地球上。但地球的大小其实并没有改变。洋壳会以某种方式再循环至地球的地幔中，其速率与新壳产生的速率相平衡。这与地球上发现的深海海沟有关吗？可以

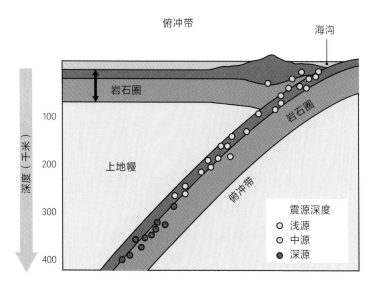

图 9 俯冲带，形成地球构造板块的冰冷脆弱的岩石圈在此处被推入地幔。板块俯冲带可能会发生地震

肯定，这些地区经常发生地震和火山喷发，其中许多深海海沟似乎经历了收缩变形。最后一个难题是要认识到这些深海海沟正是俯冲（subduction）发生之处。在这里，古老、冰冷而密度大的海洋岩石圈（即地壳和地幔顶部刚性的几千米）回落到更深层的地幔中，最终重新成为地幔的一部分。

板块构造与板块边界

简而言之，板块构造学说认为地球的岩石圈并非连续的"壳"，而是许多刚性板块。这些板块在软流圈上"漂浮"或滑动。软流圈是地幔中非常温暖的部分，组成这一部分的岩石机械强度小；尽管是固体，但从长期来看，可能会变形或流动。这有些类似于固体树脂，在长时间静置后可能会产生流动现象。现在，科学家认为，地幔中软流圈的流动会驱动板块发生运动。地球上面积最大的板块是太平洋板块（Pacific plate），此外还有北美洲板块（North American plate）、欧亚板块（Eurasian plate）和非洲板块（African plate），以及许多面积各异的小板块。值得注意的是板块边缘并不与大陆的边缘重合，例如，北美洲板块不仅包括北美洲大陆，其洋壳一直延伸到大西洋中部（即中大西洋海岭）。板块构造之所以存在，本质上是因为地球的外壳如同蛋壳一般，十分坚硬，但是软流圈的地幔却薄弱并且可以流动。板块构造理论表明，板块变形并不发生在板块内部，而发生在板块边缘。因此，要了解板块构造的运动情况，必须关注板块边界。其附近可以观察到造山带、火山、地震和深海海沟等地质现象。

我们定义了三种主要板块边界类型，它们反映了一个板块相对于另一板块的运动情况：

1. 离散型板块边界（divergent plate boundary），构造板块相互分离，板块面积逐渐扩大。

2. 汇聚型板块边界（convergent plate boundary），板块相遇并聚集在一起，板块面积减小。板块行为取决于发生碰撞的是陆壳还是洋壳，后文将做进一步解释。

3. 转换型板块边界（transform plate boundary），板块相互滑动，板块面积基本保持不变。

以上三种边界相遇的地方被称为三重结（triple junction）。诚然，一个板块相对于另一板块的倾斜运动存在一定的复杂性，但是以上三点概括了关键的边界类型。正如魏格纳所说，大陆漂移是板块和边界运动的结果。

离散型板块边界

离散型板块边界的典型特征是海洋扩张中心。正是在这里，两个板块在大洋中脊附近相互远离。被称作岩浆（magma）的滚烫熔岩开始上升，形成新的洋壳。这些扩张中心形成一个遍布全球的网络。在上一节中，我们了解了大洋中脊附近的岩石中记录的磁异常。在过去的数千万年间，这些海岭产生了几百万平方千米的洋壳。离散型板块边界是否必须位于海底？这个问题非常重要。板块分布图上似乎确实如此，但实际情况有些复杂。离散型板块边界也可以出现在陆地上，即形成大陆裂谷（continental rift）。如果扩张现象出现在大陆上，且两个板块猛烈分离，则会形成扩张性地质断层（fault）。断层的进一步运动通常会引起地震以及地壳扩张。

如同缓慢地拉开一块橡皮泥，地壳被拉长的同时也会变薄。压力降低，温暖的地幔便会上升、熔化，并由此引发大范围的火山活动。有时，扩张和熔化的范围极广，就会产生大量的玄武岩，正如我们在洋壳中看到的那样。如果这个过程继续下去，旧陆壳将会变薄，裂谷中心降到海平面以下，全新的玄武岩在初生的海洋扩张中心快速形成，一个新的海洋将由此诞生。目前，这一现象可以在红海和非洲的阿法尔地区（Afar region）观察到。

汇聚型板块边界

许多激动人心的地质现象出现在汇聚型板块边界上，而实际观察到的地质现象类型基本取决于碰撞板块的类型。

1. 如果一个板块由洋壳构成，而另一板块由陆壳构成，那么包含洋壳的板块将发生俯冲。此时，海底可能会出现一条线性的深海沟。这是因为陆壳由花岗岩构成，相比于由致密玄武岩构成的洋壳，花岗岩构成的陆壳更轻且所受浮力更大。俯冲的板块再次进入地幔，它可能会下沉数百千米，需要花费几百万年的时间才能与地幔合而为一。俯冲板块中存在的水，例如位于原始洋壳顶部的海相沉积物中的水，会随着板块深度和温度的增加而被驱散。水流进入俯冲板块上方的岩石后，可进一步促使岩石熔融，这可能导致上覆大陆板块发生火山喷发，

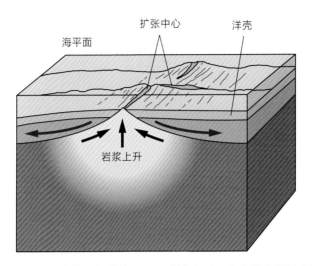

图 10 大洋中脊附近的离散型板块边界——岩浆上升，在大洋中脊处产生熔融状态的玄武岩

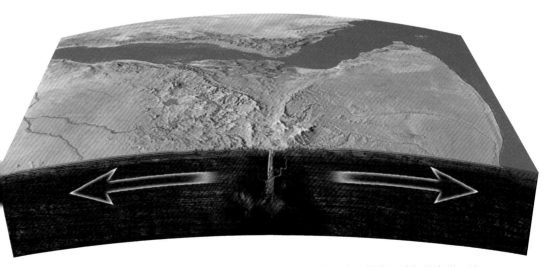

图 11 东非大陆（裂谷）正在扩张。倘若这一过程继续下去，将会形成新的海洋，这种情况曾在红海出现过

喷出富含水（蒸汽）及气体的岩浆。除此之外，俯冲板块顶部的沉积物也可能被刮下并挤压在一起，形成一块严重变形的楔形物，部分楔形物可能会填充海沟。当大陆板块变形、增厚、变短时，一条平行于俯冲带（subduction zone）的山脉就形成了。板块下沉到地幔中时，板块边界处会积累摩擦应力，因此经常会发生大地震。这种板块边界的一个典型案例出现在南美洲的西部边缘：纳斯卡板块（Nazca plate）俯冲到南美洲板块（South American plate）之下。

2. 如果两个板块都由洋壳构成，那么最终会有一个发生俯冲，且通常是所含洋壳较为古老、冰冷且密度更大的那一个。同样，板块俯冲时，下沉板块中的水会被驱散，进而促进岩石熔融，引起火山喷发。由于没有陆壳，所以板块之间不会有高山带出现，取而代之的是一系列火山岛，又称为岛弧（island arc）。例如，太平洋板块向西俯冲到菲律宾板块（Philippine plate）的下方，形成了著名的深达 11 千米的马里亚纳海沟！

3. 最后一种情形是两个由陆壳构成的板块相互碰撞。陆壳的密度比地幔岩石的密度小，因此难以俯冲，所以一个板块最终会被推到另一个板块之上，形成巨大的高海拔山脉和辽阔的高原。在此过程中，地壳厚度大大增加，形成褶皱和断层等复杂的地质构造，碰撞中涉及的部分地壳和沉积单元将被深深掩埋并经历一系列变质作用。在深处熔化的地壳可能会形成各种火成岩，例如常见于此类环境的花岗岩。同样，这些地区地震频发。喜马拉雅山脉和青藏高原正是此类碰撞最为典型的案例。也许你会认为珠穆朗玛峰是地球的永久性地貌，但是，仅仅 5000 万年前，它还尚未存在。事实上，在恐龙仍漫游于地球上的白垩纪晚期，印度还在亚洲以南约 6500 千米处，即现在的印度洋中部某区域。喜马拉雅山脉上许多变形的岩石记录了印度板块（Indian

plate）与欧亚板块交汇的历史。在珠穆朗玛峰海拔近 9 千米的山顶，人们发现了超过 4 亿年历史的海洋石灰石——伟大的造山过程中，它们从海平面之下一路被抬升上来。

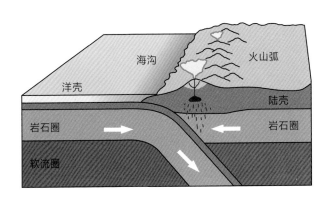

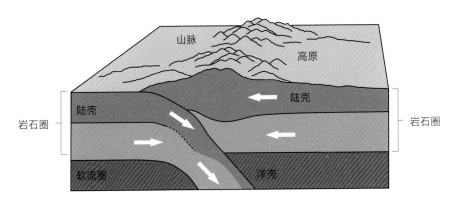

图 12 当一个板块俯冲至大陆板块下方（上图）时，可能会出现汇聚型板块边界，并形成海沟、山脉和火山。例如太平洋洋壳俯冲至南美洲下方时，形成了安第斯山脉（Andes）。有时两块大陆相撞，则可能形成一座山脉和一个高原，例如喜马拉雅山脉和青藏高原（下图）

转换型板块边界

　　板块彼此水平错动、没有扩张或俯冲的边界被称为转换型板块边界。它们可以出现在陆地上，最为典型的是加利福尼亚州的圣安德烈斯断层（San Andreas Fault），这是北美洲板块与太平洋板块之间的转换型板块边界。这种类型的大陆板块边界可能会引发大地震，因为两个板块会相互卡住，然

图 13 转换型板块边界出现在板块进行相对错动的位置（右图），例如今天圣安德烈斯断层所发生的错动现象。转换断层也使海底的大洋中脊发生偏移（下图）

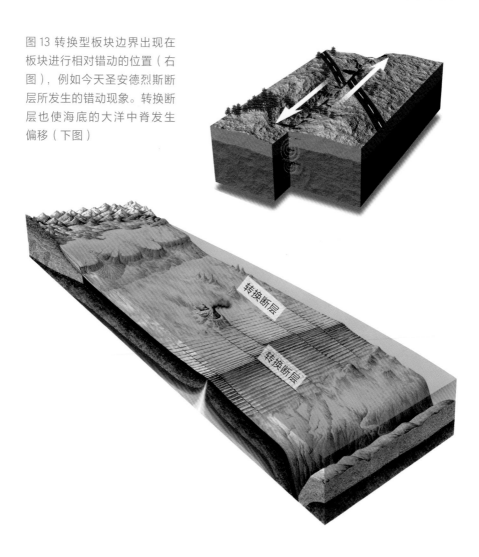

后突然错动。当转换型边界与板块移动的方向不完全一致时，就可能产生复杂的地质构造。转换型板块边界也常见于海洋之中，例如，我们已经讨论过的中大西洋海岭处就存在许多转换断层，它们使海洋扩张中心的位置发生偏移。随着北美洲板块和非洲板块彼此分离，这些断层做横向运动，测深调查（海底调查）可以清晰观测到这一现象。

板块构造的今昔与未来

今天，我们通过卫星观察得知，板块以每年几毫米到几厘米不等的速度移动，并且板块移动的相对速度不尽相同。例如，大西洋以每年约 5 厘米的速度扩张。在太平洋的大洋中脊（即东太平洋海岭，East Pacific Rise）边界附近，太平洋板块和纳斯卡板块以每年约 15 厘米的速度相互远离。在岛国汤加附近，太平洋板块以每年近 25 厘米的速度向澳大利亚板块（Australian plate）下方俯冲。这意味着，仅 20 世纪初以来，太平洋板块就缩短了将近 30 米。科学家尚未完全了解导致板块移动速度不同的具体原因，这可能与驱动板块运动的地幔对流和流动力量有关；也可能是由于特殊的地质情况，例如俯冲带所接触的板块边界长度，因为板块的俯冲部分可能会"拉动"整个板块更快速地移动，从而使得大洋中脊更快速地扩张。这样的移动速度也许看起来不快，但在动辄以数百万乃至数千万年计的地质背景下，在一个拥有约 46 亿年历史的地球上，这些数字可谓非常庞大。按照这样的速度计算，不同的地质时期内，海洋如何形成又如何消失就清晰可见了，而我们现在知道过去确实发生过这些情况。实际上，包括海洋和造山带的诞生在内的地球板块运动，解释了世界各地可观察到的各种复杂的地质现象，也解释了当今地震发生和火山喷发的地点和原因，以及地球科学中广泛存在的其他物理现象和观测结果。因此，板块构造学被认为是地质学中的大

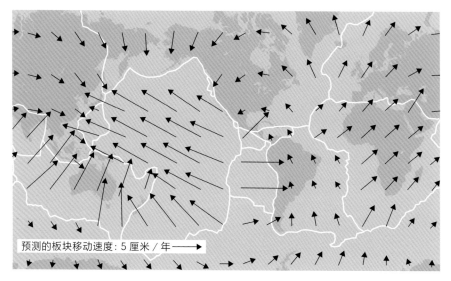

预测的板块移动速度：5 厘米／年——

图 14 从 GPS 数据获取的板块运动轨迹。箭头长度与板块移动的速度成正比

一统理论，犹如生物学中达尔文的进化论和物理学中爱因斯坦的相对论一般，解释了领域内纷繁复杂的现象。

那么，我们可以倒推板块运动，看看大陆和大洋过去位于哪里吗？令人兴奋的是，我们可以做到这一点。首先，从海洋入手。得益于磁异常和其他测量数据，我们可以清楚地了解洋壳的年龄，从而生成相关世界地图。大洋中脊两侧发现的年轻洋壳以红色标示；较为古老的洋壳位于离板块边界较远的地方，以冷色调标示。在此基础上，我们可以尝试恢复各大洲在过去的位置（当然，还需要结合其他一些地质条件）。经过时光回溯，我们得出了一个结论：早于 1.45 亿年前的白垩纪初期的洋壳非常少见。因为这般古老的海底已完全俯冲了下去。要了解更早的时间段，我们必须依靠地质、地球物理和古生物学的证据。例如，参考魏格纳最初为证明大陆漂移合理性而收集的各种证据，并借助与之类似的地质学、地球构造和化石证据，

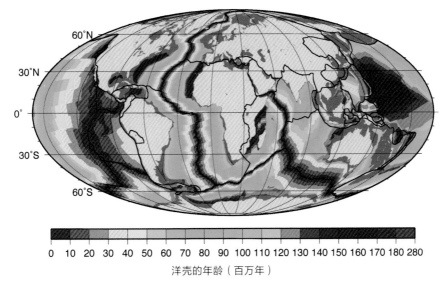

图 15 磁场强度反映了洋壳年龄，上图为基于此绘制的全球海床年龄地图

尝试重新组合往昔的大陆。其中最著名的是盘古大陆（Pangea），它存在于大约 2.5 亿年前的二叠纪（Permian period）末期。这个超大陆被称为"盘古大洋（Panthalassa）"的浩瀚海洋所环绕。此前，这片海洋甚至曾一度更为辽阔，而今天的太平洋只不过是它的一小部分。大西洋扩张时，盘古大陆分裂，南北美洲与非洲、欧亚大陆撕裂开来。

继续向前追溯，有证据表明地球还存在过其他超级古大陆，以及其他大陆彼此分离的时期。我们可以利用古老的造山带来重建过去大陆发生碰撞的位置，例如苏格兰高地（Highlands of Scotland）和北美洲东部的阿巴拉契亚山脉（Appalachians），并且我们可以利用岩石中的剩余磁化强度（就像利用海底玄武岩的磁化强度一样）来确定岩石形成的纬度。通过这种方式，我们搜集到了充分的证据，证明英格兰和苏格兰曾属于不同的大陆，这些大陆在大约 4 亿年前相互碰撞。当时，英国地处南半球，在南纬约 40

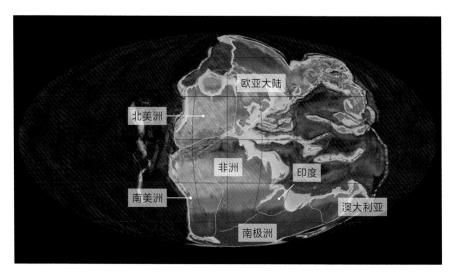

图 16　盘古大陆存在于约 2.5 亿年前，图中所示的板块构造重建图显示了如今的各大陆是如何形成盘古大陆的

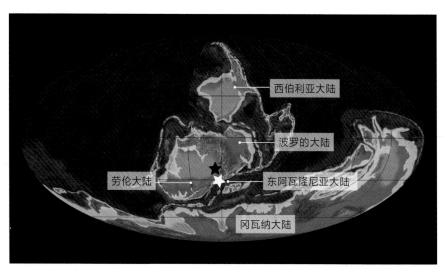

图 17　大约 4.45 亿年前奥陶纪（Ordovician period）末期的板块构造示意图。英格兰（白色星）曾属于东阿瓦隆尼亚大陆（Eastern Avalonia），这块小小的大陆与苏格兰（黑色星）所在的劳伦大陆（Laurentia）及波罗的大陆（Baltica）相撞

度。但目前英国位于北纬 50 度，这意味着英国所在的大陆在几亿年的时间里漂移了数千千米。大陆形成裂谷、漂移和碰撞的板块构造循环被称为威尔逊旋回（Wilson cycle），已经在地球历史上发生了多次。

大陆漂移对我们周围的环境、生物和自然界起到了关键作用。自白垩纪（Cretaceous period）以来，南极洲（Antarctica）一直向南极点方向移动，而南极绕极流的形成促进了极地冰帽和冰盖的诞生，这些极地冰帽和冰盖又深刻影响着如今地球的气候。澳大利亚和马达加斯加等岛屿从其他大陆上分裂开来，因而进化出独特的本土动植物。喜马拉雅山脉崛起并形成了一个陡峭的高山带，使得南风向上偏转且促进降雨，深刻影响着印度和巴基斯坦气候及水循环的雨季由此而来。陆地穿越赤道漂移了上千千米，这解释了为何温和多雨的不列颠群岛上会存在 2.5 亿年前的沙漠岩石。板块构造影响了地球的历史，也影响了地球的现状，以上给出的仅仅是其中四个例子。

那么未来呢？预测几百万年后的大陆构造异常困难，因为我们无法预见地质构造的所有新发展。但我们仍可做出一些预测，因为有些情况似乎显而易见：南北美洲很可能会继续远离非洲和欧亚大陆；非洲可能会继续向北移动，完全封闭地中海；而澳大利亚将向北移动，最终与东南亚碰撞；加利福尼亚将相对于美国其他地区向北移动，最终到达阿拉斯加附近的某个地方。总之，5000 万年后的世界将与现在截然不同。

自然灾害和板块构造

我们所在的星球并不平静，我们生活的世界日益拥挤。地震、滑坡、火山喷发等自然灾害对世界各地的国家和社会构成了威胁。人们很少意识到，板块构造深刻影响着自然灾害发生的频率、程度和位置。快速浏览一下地

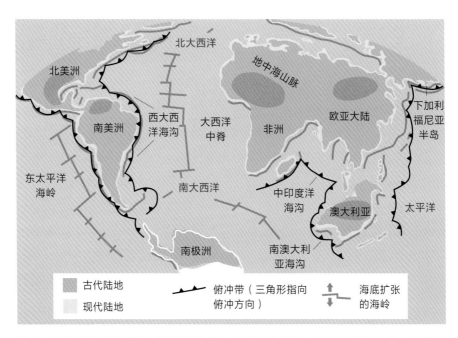

图 18　5000 万年后可能形成的板块构造：非洲向北移动，完全封闭地中海，南北美洲继续远离非洲和欧亚大陆

图，我们就会发现全球有数十亿人居住在板块边界附近，而这里是许多地质活动发生的地方。之后各章会详细讲述火山喷发这一人尽皆知的自然灾害：其形成与俯冲带有关——俯冲带上方的含水熔融作用导致爆裂式火山喷发。太平洋周围分布着大量火山，这凸显了板块边界与火山活动之间的密切关系。这一地带被称为太平洋火环（Pacific Ring of Fire），即环太平洋火山带，长度超过 4 万千米，其形成与太平洋边缘近乎连续的俯冲带有关。环太平洋火山带包含 450 多座火山，当今世界 75% 的活火山或潜在活火山分布于此。事实上，多数大型火山活动都发生在环太平洋火山带上。

同时，在发生俯冲的汇聚型边界附近，地震也频频发生（见第 3 章）。实际上，世界上已知的矩震级超过 9 级（$M_w > 9$）的大地震几乎都发生在这

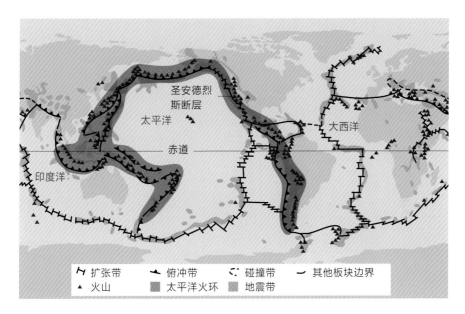

图 19　环太平洋火山带显示了太平洋周围的火山分布和地震发生的位置。自 20 世纪 50 年代以来，所有 9 级地震均发生于形成此火山带的俯冲带上

些板块边界上。因为通常情况下，俯冲板块和上覆板块之间的汇聚速度很快，应力因而迅速增大。同时板块边界可能长达数千千米，板块表面可能非常粗糙，这些因素促使板块表面因摩擦而相互"黏着"。当应力达到临界点时，俯冲板块最终会发生移动，释放出巨大的能量，产生穿过地壳的地震波（seismic wave）。矩震级 9 级地震释放的能量相当于约 2 万亿公斤 TNT 爆炸所释放的能量，可能会引发海啸（tsunami），即海水随海床挪动而产生的迅速移动的海浪。20 世纪 60 年代以来，记录在案的 5 次 9 级以上大地震全部发生在汇聚型板块边界上。其中两个非常著名的案例分别是 2011 年的东日本大地震（Tohoku earthquake），以及 2004 年的印度洋地震（Indian Ocean earthquake）。东日本大地震达 9.1 级，由太平洋板块在日本群岛下方向西俯冲引起。地震及地震引发的海啸造成近 2 万人丧生，导致

图 20（左）、21（上）2011 年东日本大地震造成的巨大破坏，这场地震是太平洋板块在日本群岛下方向西俯冲的结果

了影响恶劣的福岛核电站核灾难事故。印度洋地震达 9.3 级，因印度板块俯冲至印度尼西亚下方而引起。地震引发的海啸席卷了全球，超过 14 个国家和地区的 25 万人因此丧生。

　　地震发生的位置和严重程度由地球板块构造决定。地质学家认为，在未来，大地震还将发生在其他大型俯冲带上，例如纳斯卡 - 南美洲俯冲带。在活跃的大陆裂谷和扩张地区，断层规模没有那么大，因此地震通常较小，但仍然可能具有破坏性，尤其是震源深度较浅时。除此以外，地震还可能引发其他灾害。例如，东日本大地震发生时，太平洋板块和欧亚板块相互碰撞，陡峭的山区地带发生了数千次山体滑坡和泥石流。这些自然灾害夺

图 22　2004 年印度洋地震造成的巨大破坏，这场地震是印度板块俯冲至印度尼西亚下方所致

去了许多人的生命，摧毁了通向城镇和乡村的道路。此外，随后产生的暴风雨可以带动地震产生的沉积物，从而抬高河床，导致洪水泛滥。如今，提高人们对这种"灾害链"的认识和应对能力是地球科学家面临的一项重大挑战，而要解决这些问题，就必须首先了解灾害发生时相关板块的构造情况。

2

火 山

1943 年 2 月 20 日，在墨西哥城以西约 320 千米的米却肯州乌鲁阿潘市附近，迪奥尼西奥·普利多（Dionisio Pulido）正和家人们一起在玉米田里劳作。几周以来，大地一直震颤，地下还传来低沉的隆隆声。那天下午 4 点，迪奥尼西奥的玉米田里忽然出现了一条裂缝。他瞠目结舌，眼见着地面上升了两米左右，释放出烟尘和气体。巨大的爆炸声响起，同时伴随着浓烈的臭鸡蛋味（硫化氢释放的一种明显迹象），一座新火山诞生了！短短几个小时之内，裂缝就变成了新生的帕里库廷火山（Paricutin Volcano）的小火山口。24 小时后，火山锥已高达 50 米，一周内达到约 150 米。帕里库廷火山持续活动了 9 年，形成了一个 424 米高的火山锥，熔岩和火山渣彻底掩埋了附近的圣胡安村。火山渣是一种深色岩石，多孔且质量较轻，由火山

图 24 如图片背景所示，经过 9 年的时间，墨西哥圣胡安村被帕里库廷火山活动带来的熔岩完全掩埋

喷发过程中喷出的二氧化硅含量较低的岩浆形成，类似浮石。帕里库廷火山喷发最终影响了 233 平方千米的区域，数百人被迫搬离。

自人类诞生伊始，火山就以其摄人心魄的美丽和摧枯拉朽的气势令人类深深着迷。最初的人类也一定知道，火山周围的土地肥沃。对于地球上的生命，哪怕是从未踏足火山的人而言，火山都扮演着极为重要的角色。我们的祖先最初在东非大裂谷火山地带跨出了进化史上的一大步，这绝非偶然。纵然活火山会对附近的居民构成威胁，但如果不是火山催生了大气层和肥沃的土壤，并带来许多其他好处，地球可能不会孕育生命。

本章主要讨论火山的形成过程和不同类型的火山活动。火山带给人类的益处和危险、火山对气候和环境的影响将在第 4 章和第 5 章中详细讨论。

火山是怎样诞生的？

火山并不是随机分布的，正如后图所示，它们集中于地球的某些区域，且与板块构造有关（见第 1 章）。

火山常出现在两个板块碰撞的位置，如环太平洋火山带；也会出现在两个板块分离的地方，如果两个板块都是大陆板块，分离处会形成大洋中脊或大陆裂谷；火山还可以位于板块中部，这一现象与地幔柱（mantle plume）有关。地幔柱是指岩浆从地幔深处上涌至较上层的集中区域，这些地区也被称为热点（hot spot），其中一个典型例子就是夏威夷群岛火山。

火山通常是高地或山体，有时带有非常陡峭的侧翼。熔融岩石和气体混合产生的岩浆自地壳薄弱处以平缓或剧烈的方式喷涌而出，火山由此而生。火山是一个复杂的系统，可以分为三个部分：火山体，顶部通常有火山口，熔岩、灰烬和气体从这里喷出；火山通道，岩浆经由此处上升到地表；以及岩浆房，用于储存岩浆。

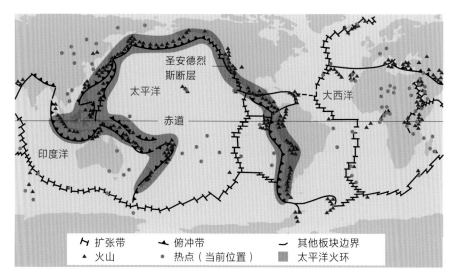

图 25 全球火山分布图（已显示环太平洋火山带）

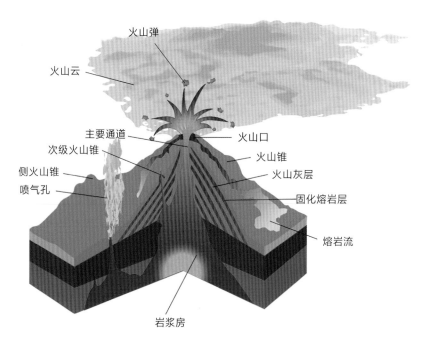

图 26 火山内部结构示意图，展示了多种类型火山的关键特征

岩浆如何形成？

岩浆是由熔融岩石、气体和晶体组成的炽热混合物，有时还携有固体岩石的碎片。其温度通常为 800—1200℃。喷发出地表后的岩浆被称作熔岩，在地面以上或以下冷却凝固后形成玻璃质或结晶质火成岩。岩浆的主要成分是二氧化硅（SiO_2），由地幔和地壳中最丰富的两种元素——硅（Si）和氧（O）形成的硅的氧化物。此外岩浆中还存在比例不同的许多其他重要元素，如铝（Al）、镁（Mg）、铁（Fe）、钙（Ca）、钠（Na）、钾（K）、钛（Ti）等，这些元素与硅和氧结合而成的化合物统称硅酸盐。地壳中，岩浆凝固后形成的岩石被称作火成岩，两种最常见的火成岩分别是玄武岩和花岗岩。玄武岩是一种火山岩（又称喷出岩），二氧化硅含量相对较低，而花岗岩是一种深成岩，在地表下方冷却且富含晶质，其二氧化硅含量高于玄武岩。有些火山会喷出不同寻常的非硅酸盐成分的岩浆，如坦桑尼亚的伦盖伊火山（Ol Doinyo Lengai）等会喷出富含碳的岩浆（碳酸岩），另一些火山会喷出富硫岩浆。然而，这两种现象都相当罕见，岩浆的主要成分通常是硅酸盐。

脆弱的地表之下不存在岩浆层或岩浆"海洋"，岩浆并非从那些地方被虹吸到地表。事实上，是结晶岩在地下深处部分熔融产生了岩浆。那么岩石怎样熔融？随着地下深度（指从地表向地核方向的深度）的增加，温度和压强升高。地表下 100 千米内，温度随深度增加而升高的速率约为每千米 20—25℃，这种现象被称为地热梯度（geothermal gradient）。但也有一些例外，如在热点和地壳较薄的区域，地热梯度较高，可达每千米 30—50℃；而在俯冲带和地壳较厚的区域，地热梯度较低，为每千米 5—10℃。尽管温度随深度增加而升高，岩石仍保持固态，因为压强越大，岩石的熔点越高。如图 28 所示，在正常情况下，地热梯度线（温度随深度增加而升高的速率）和岩石固相线（岩石的熔融温度）不会交叉。但在地下深处，

图 27 最为常见的两种火成岩分别是玄武岩（上，来自夏威夷）和花岗岩（下）。花岗岩是岩浆在地表下方凝固形成的结晶岩，含有白色的长石晶粒、透明的石英晶粒，以及黑云母或黑色的闪石晶粒

地幔不像上覆的岩石圈（由地壳和上地幔形成的地球外壳，厚度不均，最厚处约为 280 千米）那样坚硬，却具有延展性，可产生塑性变形，这一部分被称为软流圈（即塑性软流圈，请参阅第 13 页）。如在海洋盆地等处，两个地壳板块彼此分离时，释放的压力使得软流圈上升并填补裂谷中的缝隙。这种减压会促进地幔自发熔融，因为压强降低的速度比岩石冷却更快。所以相较而言，岩石的热度高于对应压强下的温度，因此发生熔融（图中的竖直箭头）。减压熔融（decompression melting）是地球上最常见的熔融过程，所有海底的玄武岩均由此产生。这也是热点处岩浆作用的常见机制。例如，夏威夷正是因炽热的地幔柱上升而形成的火山群岛。

此外，地幔熔融从而产生岩浆还有第二种常见机制。图 28 中以湿固相线（wet solidus curve）显示。水的增加降低了岩石的熔融温度，因此湿固相

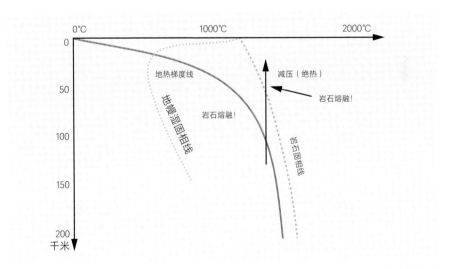

图 28 地球温度随着深度的增加而升高。地热梯度线（红线）显示了温度升高的速率。正常情况下，岩石固相线（褐色虚线）和地热梯度线不会交叉，地下深处的温度不足以熔融干燥的地幔岩石，地幔呈固态。地幔岩石可以通过减压（黑色垂直箭头）或经俯冲作用增加水量（蓝色虚线表示地幔的湿固相线）而熔融

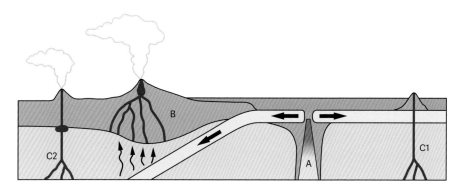

图 29 岩浆生成机制。A. 大洋中脊处减压熔融；B. 俯冲带熔融生成，得益于俯冲板块增加了水量（垂直箭头）；C. 热点（C1）和板内环境（C2）中的地幔柱带来的减压熔融

线向地热梯度线的方向移动。当两条线相交时，岩石开始熔融。由于增加的水量不同，交叉点的确切位置会发生变化。这种熔融机制常见于俯冲带，因为俯冲板块将水带至地下深处。板块由海洋沉积物和玄武岩组成，两者都含有可以携带水和其他流体（例如碳酸盐产生的二氧化碳）的矿物质。当板块下沉进入地幔时，温度升高，这些矿物质就会释放水和其他元素。

第三种熔融机制是直接将岩石加热至熔点。热量通常来自炽热的玄武质岩浆，其密度较大，常盘踞在地壳底部。在某些情况下，厚大陆壳熔融可以生成大量富含二氧化硅的岩石（流纹岩）。迄今为止，玄武岩是地球上最常见的岩石，而地幔上升部分经熔融作用产生的玄武质岩浆是最常见的岩浆类型。

熔岩流与大爆发

一提起火山，人们常常联想到大爆发。炽热的火山灰、气体和岩石喷向空中，喷发柱像伞一样张开。这确实是最壮观的喷发类型，但除此之外，

火山的通道系统

想象一下，火山内部有一个岩浆池，即所谓的"岩浆房"（magma chamber）。如图 30 所示，火山内部的岩浆房形如气球，充满了液体岩浆并供给熔岩流。而喷发活动发生在火山顶部，即火山口。将岩浆房视为流动岩浆的池塘，这一概念便于人们理解，已经沿用了 100 多年。它解释了火山的各种喷发方式、火山岩丰富的化学成分、火山地震和气体排放等许多问题。随着科学仪器日益精密、分析技术日渐成熟，人们对火山通道系统有了更进一步的了解。结合各领域（地球物理学、火山学、地质学、地球化学、岩石学）的观测结果，科学家得出了这样的观点：火山由一个极为复杂、在地壳之下垂直延伸数千米的存储区域供给物质。这是一个不连续的复杂系统，岩浆在各个层面上累积。现在，岩浆房以熔融体为主要组成部分的观点正从根本上转向以固体为主的"晶粥"系统。"晶粥"指连续不断的固态晶体，其中熔融体仅占一小部分。

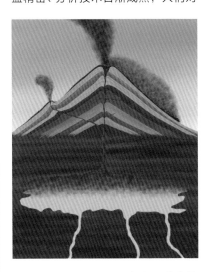

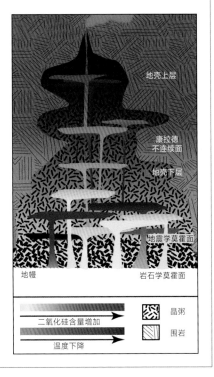

图 30（左）以熔融体为主要成分的岩浆房

图 31（右）垂直延伸的复杂通道系统，以晶粥为主要成分，是一个穿地壳岩浆系统

图 32 意大利西西里岛北海岸外，斯特朗博利火山（Stromboli Volcano）的熔岩喷泉

火山喷发还有许多其他的类型。比如，意大利斯特朗博利火山喷发形成的熔岩流和壮观的熔岩喷泉，以及近来冰岛巴达本加火山（Bárðarbunga）喷发时出现的熔岩流。火山喷发可分为两大类：溢流式（effusive）和爆炸式（explosive）。

图 33 冰岛巴达本加火山喷发时裂隙中流出的熔岩流

溢流式喷发

　　熔岩流和形成凸起穹丘的黏性熔岩均属于溢流式喷发。这种喷发类型几乎不产生气体，因此岩浆喷发时极少爆炸，甚至不会爆炸。夏威夷和冰岛的火山主要是溢流式喷发。只要有熔岩流出现，就可以认为是溢流式火山喷发。许多爆炸性火山除了爆炸式喷发之外，也会产生熔岩流。玄武质熔岩具有流动性，经冷却会形成表面光亮平滑的帕霍霍熔岩（pahoehoe，夏威夷语，意为"可以在上面行走"，即结壳熔岩）。而受内部尚未冷却的熔岩影响，结壳熔岩表面会出现褶皱，因此也被称为绳状熔岩（ropy lava）。

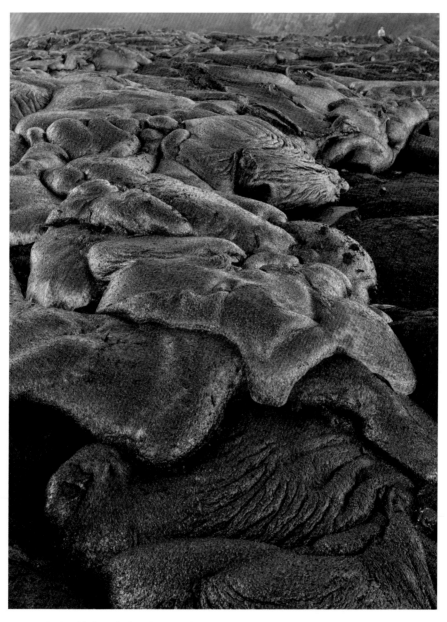

图 34 玄武质熔岩具有流动性，经冷却会形成表面光亮平滑的结壳熔岩，上图中夏威夷岛的熔岩流就是结壳熔岩

图35（上）玄武质熔岩冷却后会产生褶皱，形成绳状熔岩。图为加拉帕戈斯群岛拉维达岛上的绳状熔岩

图36（左）熔岩可以在外表面已冷却的熔岩管道中继续流动。图为意大利斯特朗博利火山的熔岩管道

结壳熔岩的表面会迅速冷却形成一个外壳，但内部熔岩仍然炽热且保持流动。已冷却的外表面因而成为一种管道，熔岩流可在熔岩管道中继续行进数十甚至数百千米。喷发结束后，排空的熔岩管道作为壮观的熔岩隧洞留存下来。熔岩流的另一种常见类型被称为阿阿熔岩（aa，波利尼西亚语，即渣块熔岩），常见于大洋岛屿和大陆上。该名称源自其粗糙不平、碎块遍布、

图 37 泰德老火山（Pico Viejo）位于西班牙加那利群岛特内里费的泰德峰，遍布尖锐、不平坦的渣块熔岩流

图 38 浓稠的熔岩或汹涌的玄武质熔岩会冷却并爆裂，形成六边形柱状玄武岩，如北爱尔兰巨人之路

难以行走的尖锐表面。由于冷却过程中黏度（或黏性）增加，多数结壳熔岩在凝固之前就变成了渣块熔岩。

当熔岩流与水发生相互作用，如大洋中脊处海底火山发生溢流式喷发或熔岩流流入海中时，会形成枕状熔岩（pillow lava）。枕状熔岩是外形浑圆、呈拉长的肾状的玄武岩。当熔岩涌出时，海水使之迅速冷却并形成穹形或枕形的外壳。而内部依旧炽热的熔岩继续涌动，在某一点上突破外壳，从而形成第二块枕状熔岩。随后，内部的熔岩流使第二块熔岩破裂，第三块枕状熔岩接着形成。如此循环往复，一直持续到喷发结束。最后，熔岩流形成一块块互相接连、彼此堆叠的枕状熔岩。

当浓稠的熔岩流或汹涌的玄武质熔岩缓慢冷却时，表面会出现裂缝。随着内部冷却，这些裂缝向内延伸，最终形成六边形柱状玄武岩。著名的北爱尔兰巨人之路（Giant's Causeway）便是一例：大约 5000 万至 6000 万年前，火山喷发，以上述方式形成了许多柱状玄武岩，令人印象深刻。

爆炸式喷发

约有 67 座大型城市（超 10 万名居民）坐落在活火山附近。这些火山可

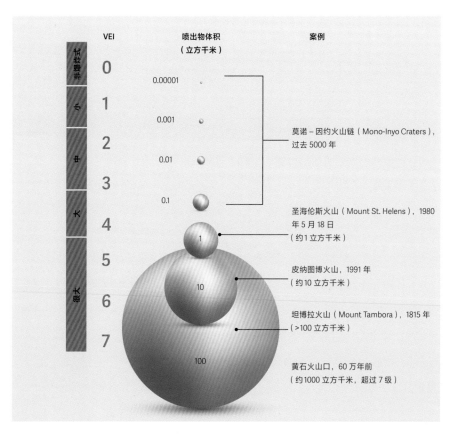

图 39 一些著名火山喷发时的火山爆发指数（VEI），以及喷发时喷出物的体积

能会以爆炸式、溢流式或两者结合的方式喷发。其中，有3座特大城市：邻近富士山（Mt Fuji）的东京、毗邻皮纳图博火山（Pinatubo Volcano）的马尼拉，以及与巍峨的波波卡特佩特火山（Popocatepetl Volcano）相距不远的墨西哥城。这3座火山均呈经典的陡峭锥形，属于复合型火山，又称层状火山（stratovolcano），且极易爆发。大多数爆炸式火山都分布在俯冲带上方的环太平洋火山带上。不过，其他类型的火山也可能发生爆炸式喷发。

确定火山喷发的相对程度时，要着重考虑两个因素：喷发柱的高度和爆发程度。喷发柱的高度可在观测到火山喷发时直接测量。未直接观测到火山喷发时，可通过火山周围火山碎屑（参见第58—59页）的扩散程度估算喷发柱的大小和高度，这是因为火山灰体积与喷发程度有相关性。火山

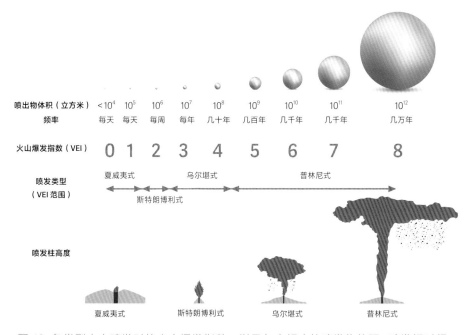

图40 各类型火山喷发时的火山爆发指数，以及与之相应的喷发物体积、喷发相对频率和喷发柱高度

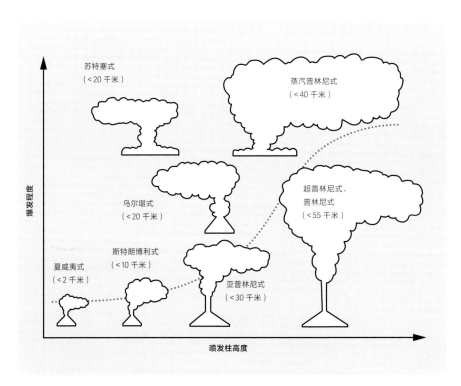

图 41 爆炸式火山喷发的分类

的爆发程度由火山爆发指数（VEI）表示。这是一种表示强烈程度的量表，与确定地震震级的量表类似，涵盖了一系列评估火山事件强度的指标。火山爆发指数的范围为 0 级到 8 级。0 级代表非爆炸式或很小的爆炸式火山喷发（夏威夷式，Hawaiian eruption）；8 级代表巨大的爆炸式火山喷发（超普林尼式，Ultraplinian eruption）。火山爆发指数还与喷发物质的体积挂钩，以便更好地说明火山喷发的情况。此外，它还在某种程度上考虑了火山喷发的频率。大型火山喷发比小型火山喷发的频率更低，这对于所有人来说都是好事。

在火山爆发指数量表中，爆发强度最低的一端是夏威夷式喷发，这个名称来自目前观测到的夏威夷火山活动。它们的一大特征是壮丽恢宏的熔岩喷泉：炽热的岩浆以最高达 100 米 / 秒的速度从火山口喷出，在降落到地面前通常可上升到几十至几百米的高度。喷出的岩浆温度极高（约1100℃），如果火山喷射活动非常激烈，那么喷发物落在地面后会积聚形成熔岩流。夏威夷的火山经常可被观测到这样的活动。无论发生在世界何处，任何与此类似的火山活动都被称为夏威夷式喷发。

斯特朗博利火山位于意大利南部，由于活动不断，在周围的海域都可观察到其小型喷发，故而被称为"地中海灯塔"。斯特朗博利火山的喷发由连续的短暂喷发组成，间隔从几分钟到几小时不等（通常每 20 分钟左右爆发一次）。每次喷发都会产生数百米高的小型喷发柱，喷射出火山灰、炽

图 42 日本樱岛火山发生中型爆炸式喷发

热的火山弹和火山块。除了斯特朗博利火山以外，还有许多火山具有短暂而规律的小型喷发现象，因此同属于这种火山活动类型。夏威夷式和斯特朗博利式喷发（Strombolian eruption）都以玄武质岩浆的喷发为主。

公元 79 年，意大利南部的维苏威火山（Vesuvius）爆发，这不仅令当地居民措手不及，更摧毁了庞贝古城（Pompeii）。博物学家、哲学家、37 卷《自然史》（*Naturalis Historia*）的作者老普林尼（Pliny the Elder）也在这次喷发中丧生。他的外甥、罗马行政官小普林尼生动而详细地描述了这场任何人不曾预料到的火山大爆发及其带来的深重灾难。如今，我们对火山活动有了更深入的了解，可以识别出火山喷发前出现的信号。但当时，长期休眠的维苏威火山给了人们一种安全的假象。这场举世闻名的火山喷发始于 8 月 24 日早晨，火山口上方形成了高达 33 千米的喷发柱，喷出了大量火山灰和浮石。此时的火山喷发尚不致命，真正的毁灭在午夜时分到来。喷发柱开始坍塌，产生了第一波毁灭性的碎屑流（pyroclastic flow），其中夹杂着大量炽热的火山灰、浮石、岩石碎片和气体。第一波火山碎屑流以高达 100 千米 / 时的速度从维苏威火山侧翼滚落，吞噬了途经的一切，包括沿海的赫库兰尼姆城（Herculaneum）。仅仅几个小时之后，第二波碎屑流使庞贝城遭遇了同样的命运。3 米多厚的炽热的火山物质掩埋了这两座城市。如今，考古工作挖掘出数千具人类遗体，揭示了这场曾经的灾难。死亡人数尚无确切数字，但这无疑是一场巨大的灾难。多数人死于火山气体造成的窒息和高温，他们生命的最后时刻以一种怪异的方式留存了下来。

与庞贝古城的经历类似的火山喷发都以小普林尼的名字命名，被称为普林尼式喷发（Plinian eruption）。其特征是岩浆和火山气体以高达 100—600 米 / 秒的速度从火山口喷出，并形成经典的伞状喷发柱。这类喷发可持续数小时，也可长达数天。喷发柱在对流的作用下吸入周围的空气，并在大气中逐渐膨胀，达到约 55 千米的高度。根据喷发的强度，普林尼式喷发又

图 43《那不勒斯海湾，被积雪覆盖的维苏威火山于 1836 年 1 月 6 日喷发》[*The Bay of Naples with Mount Vesuvius Covered in Snow and Erupting 6 January 1836*，莫顿（Mauton），水粉画，1836 年]

图 44 维苏威火山与索马山（Mount Somma），山下是如今人口众多的那不勒斯城

图 45 公元 79 年，维苏威火山爆发，火山碎屑流吞噬了庞贝城的居民

被细分为超普林尼式（喷发强度大于普林尼式）和亚普林尼式（Subplinian eruption，喷发强度小于普林尼式）。

当岩浆在海水、湖泊和冰川等环境中与水发生相互作用时，会产生水汽岩浆或射气岩浆喷发（hydromagmatic / phreatomagmatic eruption）。此类火山喷发更具爆炸性。冰岛南海岸外的苏特塞岛（Surtsey）就诞生（1963 年至 1965 年间）于海底火山与浅海环境的相互作用。1963 年 11 月 14 日，海底火山开始喷发。当时火山顶部在水面以下约 10 米处，短短几小时内，由火山灰和蒸汽形成的浓密黑色云团升至海平面以上 65 米的地方，这是火山喷发的最早迹象。第二天，苏特塞岛已远高于海平面，并且继续生长。从那时起，这种喷发就被称为苏特塞式喷发（Surtseyan eruption）。

火山因何爆发？

火山出现爆炸式喷发是由于某些气体（主要是气态水和二氧化碳）溶解在了岩浆中。但是，岩浆能溶解多少体积的气体（也称为挥发物）取决于多种因素，其中最重要的是压力和岩浆的成分，尤其是岩浆的黏度。当岩浆向地表上升时，压力降低，气体趋于逸出。在这个被称为囊泡化（vesiculation）或气体逸出（gas exsolution）的过程中，气泡开始形成。随着气泡生长并聚结在一起，岩浆被留在气泡之间的空隙中，这个过程被称为岩浆破碎（magma fragmentation），即岩浆因不断生长的气泡而被阻隔开。爆炸式喷发就发生在此刻。溶解的气体体积会影响爆炸式喷发的驱动力大小。但岩浆的黏度对于决定火山喷发是否形成爆炸式喷发同样重要。实际上，在低黏度岩浆（如玄武质岩浆）中，气体很容易逸出，产生溢流式或

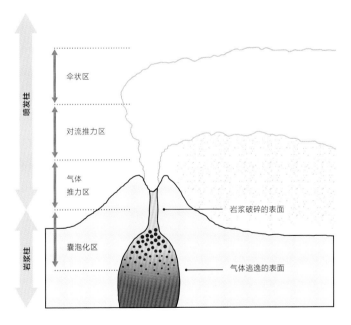

图 46 在囊泡化或气体逸出的过程中，气泡在岩浆中形成。气泡生长并聚结，使岩浆留在气泡之间的空隙中，这个过程被称为岩浆破碎，即岩浆因不断生长的气泡而破碎。爆炸式喷发就发生在此刻

火山爆炸式喷发期间形成的岩石

火山爆炸式喷发过程中产生的岩石被称为火成碎屑岩（pyroclastic rock）或火山碎屑（tephra）。这两个通用术语表示所有由火山物质形成、无论大小和成分的疏松沉积物。细微颗粒的沉积物如果固结并硬化（即石化），则称为凝灰岩（tuff）。火山碎屑根据火山物质的大小分类：直径小于2毫米的被称为火山灰；直径在2毫米至64毫米之间的为火山砾（lapilli）；直径大于64毫米的较大岩石则被称为火山弹或火山块。

火山弹有趣而美丽。它的直径可长达数米，通常呈圆形或卵形。事实上，火山弹是火山爆炸式喷出的炽热岩浆团。在飞行过程中，火山弹的表面迅速冷却，形成了具有光泽的玻璃质外壳。但由于冷却收缩，外壳也会破裂。与此同时，火山弹内部依然炽热。着陆时，冷却形成的外壳进一步裂开，形成一种形似新鲜面包的特殊火山弹——"面包皮火山弹"。火山弹在空中飞行时会发生旋转，因此被塑造成圆形或卵形。另一方面，火山灰是细微的碎屑物，可以悬浮在高空，进入对流层，并飘荡到离火山口很远的地方。

火山碎屑流是由玻屑、浮石、火山砾、晶屑、岩屑、气体和火山灰（主要成分）组成的混合物，具有致命性。碎屑流冷却后，气体逸出，由此产生的岩石被称为熔结凝灰岩（ignimbrite）。

图47 火山弹从火山口喷出后，在空中飞行时形成卵状。图中的火山弹来自维苏威火山

有时，火山碎屑流的温度相对较低（<500—600°C），在这种情况下形成的熔结凝灰岩是相对松散的大块沉积物。但是，火山碎屑流通常在沉积时依然炽热，浮石和火山灰因为高温而具有延展性。由此产生的炽热的熔结凝灰岩通常会在自身重力的作用下坍塌，碎片熔结在一起形成结构紧密的熔结凝灰岩；而浮石会收缩变平，形成典型的"火焰石（fiamme）"，这一名称源自意大利语中的火焰一词。通常情况下，仍滞留在熔结凝灰岩主体中的气体会逸出，形成喷气管道或气体逸出结构。

图 48（上）含有火焰石的熔结凝灰岩
图 49（下）意大利斯特朗博利火山上的浮石（白色）和火山渣（黑色）。浮石是形如泡沫、富含气体的火山玻璃质熔岩，极轻，多孔。密集气孔为气体逸出时所留。浮石是唯一能浮于水面的岩石

低爆炸式的夏威夷式喷发。另一个极端情况是，高黏度的岩浆（如流纹质岩浆）含有大量难以逸出的气体，因此可以发生强烈的爆炸式喷发活动。气体困在黏稠的岩浆中，气泡持续生长、膨胀，直到产生足够多的气泡使岩浆破碎并以爆炸式的方式喷出。

火山类型

火山形态不一、大小各异，这反映了火山喷出岩浆的类型，并在一定程度上反映了火山活动的类型及其发生的地理位置。因此，科学家根据火山的形态特征和喷发发生的位置，对火山进行了分类。

我们已经谈到过层状火山。这是一种巨大的爆炸式锥状火山，可喷发中等黏度、有中等至高含量二氧化硅的熔岩。层状火山位于汇聚型板块边界，大部分在环太平洋火山带附近。著名的层状火山有日本富士山、美国雷尼尔火山（Rainier Volcano）、意大利维苏威火山、菲律宾皮纳图博火山、印度尼西亚爪哇岛的默拉皮火山（Merapi Volcano），以及墨西哥科利马火山（Colima Volcano）和波波卡特佩特火山。

盾状火山（shield volcano）是另一种常见的火山类型。盾状火山主要出现在板块内部，其形成与热点有关。其中最为著名的是夏威夷群岛火山和埃塞俄比亚的尔塔阿雷火山（Erta Ale）。太阳系中的其他行星上也经常发现盾状火山，特别是火星（例如奥林匹斯山，Olympus Mons）。盾状火山中心火山口喷发出的玄武质熔岩黏度低，因此可以流动较长的距离，从而形成坡度平缓、形如勇士盾牌的巨大火山。尽管如此，盾状火山仍可以达到相当高的高度，例如夏威夷莫纳罗亚火山（Mauna Loa）高达 4169 米。它们是熔岩流和熔岩喷泉进行溢流式和低爆炸式活动之后形成的。

当熔岩流动性强并沿地面裂缝或裂隙喷出时，会形成"溢流玄武岩"

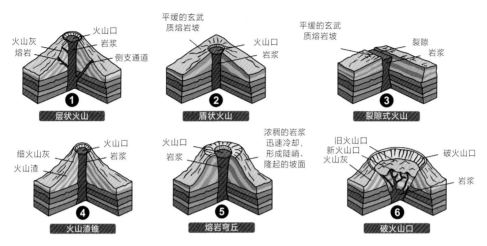

图 50 火山形态不一、大小各异。图中展示了主要的火山类型

图 51 从卡萨布兰卡火山（Casablanca Volcano）远眺蓬第亚古多火山（Puntiagudo Volcano，左）和奥索尔诺火山（Osorno Volcano，右）。这是智利巴塔哥尼亚北部众多层状火山中的三座

图 52 墨西哥波波卡特佩特层状火山和附近的乔鲁拉镇

图 53 厄瓜多尔加拉帕戈斯群岛伊莎贝拉岛上的盾状火山塞罗·阿祖尔火山（Cerro Azul Volcano）

图 54 流动性极强的熔岩沿裂缝或裂隙喷出，形成溢流玄武岩或高原玄武岩，如美国哥伦比亚河玄武岩

或"高原玄武岩"。例如，美国哥伦比亚河玄武岩、西伯利亚大火成岩省（Siberian Traps）、巴西的巴拉那大火成岩省（Parana Traps）和纳米比亚的埃滕德卡大火成岩省（Etendeka Traps）。

火山渣锥（cinder cones）是斯特朗博利式火山喷发和带有熔岩喷泉的中小型火山喷发的一大特征，颇负盛名的墨西哥帕里库廷火山便具有火山渣锥。

富含二氧化硅的黏稠熔岩隆起，形成熔岩穹丘（lave dome）。许多火山均带有穹丘，通常位于火山口附近。例如，美国圣海伦斯火山的火山口处便有一个熔岩穹丘，该穹丘于 1980 年发生了爆炸式喷发。

图 55 墨西哥波波卡特佩特火山侧翼的火山渣锥

图 56 美国圣海伦斯火山。1980 年的喷发使其具有了圆形剧场般的外观，但也导致火山部分塌陷

图 57 墨西哥科利马火山是北美洲最活跃的火山之一，上图是其火山口。该火山活动的特点是形成新的穹丘之后，火山会进行爆炸式喷发并将穹丘破坏。这张照片于 2015 年 2 月的一次勘测飞行中拍摄，火山口附近显然没有穹丘，因为数月前火山的爆炸式喷发已将之摧毁

黏稠度高、富含二氧化硅的岩浆（即流纹质岩浆）会引起巨大的爆炸式喷发，岩浆喷出后可造成火山坍塌，形成圆形或半圆形凹陷，即破火山口（caldera）。破火山口直径可达几千米至几十千米，坡面相当平坦。行走在意大利坎皮佛莱格瑞火山（Campi Flegrei）、美国黄石公园等巨型火山上时，人们通常很难意识到自己其实走在死火山或休眠火山的破火山口上。巨型破火山口通常被称为超级火山。

非同寻常的超级火山

黄石火山等巨型火山因其惊人的破坏力而吸引了媒体的注意，被贴上

"超级火山"的标签。尽管这并非准确、科学的定义，但如今已被科学界广泛接受。超级火山宏伟壮丽，能够产生极其强烈的喷发活动（火山爆发指数可达 8 级），释放出超过 1000 立方千米的物质。在此期间，超级火山还会形成巨大的破火山口。最负盛名的破火山口位于黄石公园，其大小约为 72 千米 × 55 千米。210 万年以来，黄石火山至少发生了 3 次超大规模的喷发。最近的一次喷发是在 63 万年前，往前一次为 130 万年前，还有一次是在 210 万年前。此外，超级火山也会进行较小规模的"正常"喷发，黄石火山同样发生过许多次小型喷发。

黄石火山并非地球上唯一一座超级火山。目前人们尚不清楚超级火山的确切数目，粗略估计为 20 个左右，包括美国加利福尼亚长谷火山（Long Valley Caldera）、美国新墨西哥州瓦勒斯火山（Valles Caldera）、印度尼西亚多巴火山（Toba Volcano）、新西兰陶波火山（Taupo Volcano）、日本爱拉火山（Aira Volcano），以及意大利坎皮佛莱格瑞火山。2.6 万年前，新西兰陶波火山的奥拉努伊喷发事件（Oruanui eruption）是地球上最近一次超级火山喷发。

有的超级火山会伴有热水流和蒸汽（即地热活动），有的会从喷气孔（fumarole）散发臭气。黄石公园有大大小小约 1 万处地热景观，包括间歇泉、温泉、泥沸泉和喷气孔。意大利那不勒斯附近的坎皮佛莱格瑞火山，喷气孔散发着臭味气体和硫化物质。所有这些活动都与地下深处持续活跃的炽热岩浆体有关，正是岩浆体释放出了火山气体并加热了地下水。

人们难以想象黄石火山一旦爆发会带来什么影响。火山周围约 800 千米内的土地可能都将被火山灰覆盖。附近的蒙大拿州、爱达荷州和怀俄明州将首当其冲。面对这样大规模的喷发，全球各地将受到影响，数年内气候会发生变化。不过，如此大规模的火山喷发极少出现。

多巴火山喷发后的地质记录基本代表了我们目前对于超级火山喷发后

图 58 意大利那不勒斯附近的坎皮佛莱格瑞超级火山，喷气孔散发着臭味气体和硫化物质

果的认知极限。大约 7.4 万年前，苏门答腊岛北部的多巴火山发生猛烈喷发，不仅形成了雅戈尔多巴凝灰岩（Young Toba Tuff），同时对气候和环境产生了巨大的影响。这次喷发被普遍认为改变了早期人类的进化轨迹，我们将于第 4 章做详细介绍。多巴火山的这次大喷发喷出了 7 万亿吨岩石，可能排放了约 30 亿吨的硫。不过近期研究表明，其向大气中释放的硫非常少。该次火山喷发后还形成了 100 千米 × 30 千米的破火山口，就是今天多巴湖的所在地。多巴湖是多巴火山至少 4 次喷发的结果。每次喷发后，产生的新破火山口与前一个破火山口重叠，形成嵌套结构的破火山口，最终塑造出现在多巴湖所处的洼地。人类有史以来，多巴火山并未再喷发过。但地球物理学研究发现湖下仍存在一个巨大的岩浆房。据测算，多巴火山喷发

后形成了巨型喷发柱，导致地球表面至少 1% 的地区被厚达 10 厘米的火山灰覆盖。尽管多巴火山此次爆发对气候变化造成的影响尚有争议，但其带来的全球性后果毋庸置疑。有证据表明，约 7.4 万年前多巴火山喷发时，时值地球气候条件恶化，全球进入末次冰川期。尽管数值模拟和古环境证据（即在陆地和海床的冰芯和沉积岩芯中发现的火山灰化石床）表明，多巴火山喷发使得地球平均气温下降了约 2—3℃，一些地区甚至下降了 15—17℃。这段时间被称为"火山冬季"，可能持续了 5 到 7 年。但没有证据表明是火山喷发引起了冰川期。

大火成岩省与生物大灭绝

大火成岩省（LIPs）指的是出现在板块中部的陆地和海洋中，覆盖面积

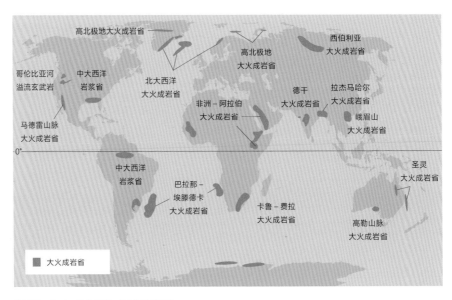

图 59 大火成岩省的全球分布图

达数千平方千米、厚度达数千米的辽阔高原地区。大火成岩省主要由玄武岩构成，但也有部分包括富含二氧化硅的流纹岩，例如墨西哥的马德雷山脉（Sierra Madre）、南美洲的春艾克（Chon Aike）岩浆省。中生代（Mesozoic era）和新生代（Cenozoic era）的大火成岩省保存得最好，主要包括大陆溢流玄武岩、海台、火山型被动大陆边缘（与岩浆活动有关的大陆破裂边缘）和无震海岭（沿海底伸展的一连串火山）。大火成岩省是一个宽泛的地质学术语，用于描述玄武质岩浆在较短（就地质学而言）的 100 万至 500 万年间大量溢出的现象。大火成岩省的形成过程不同于"常规"海岭和汇聚型板块边界附近经常出现的地质活动。实际上，大火成岩省与处于异常高热状态的地幔有关。研究人员还认为其与生物大灭绝有关。

大火成岩省的起源问题仍然处于争论之中，尚且没有一个适用于所有

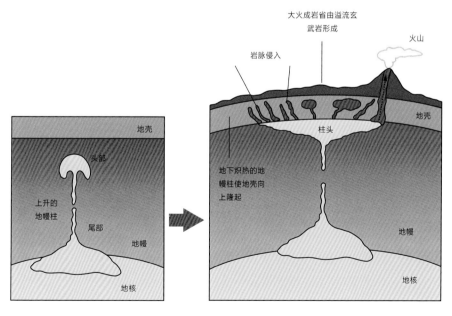

图 60 地幔柱形成大火成岩省的假说示意图

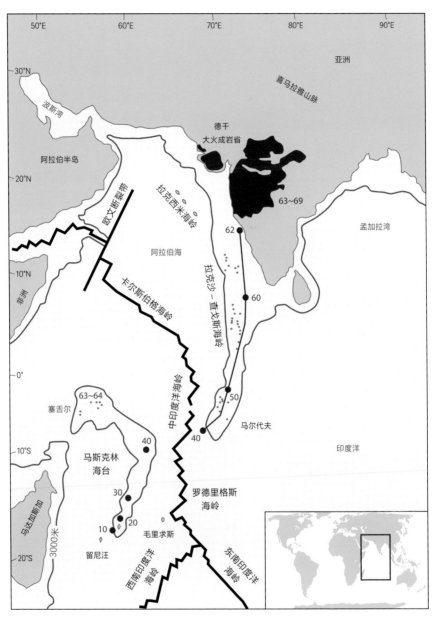

图 61 西印度洋地图，显示了留尼汪 – 德干地幔柱形成的大火成岩省的历时分布和迁移状况（红色数字的单位是百万年）

大火成岩省的理论。但各种假说均认同，它的形成离不开高热能，并且需要在短时间内产生大量岩浆。目前这种高热能是如何产生的尚不清楚。流传最广但尚不完善的两种理论分别认为其源于地幔柱和陨石撞击。年轻的地幔柱会有一个直径可达 1000 千米的圆形柱头和较为细窄的尾部。新生地幔柱的早期活动预计会引起岩石圈大幅升高 1000 米左右，同时高温可能导致柱头处岩石大范围熔融，提高喷发概率，而柱头所在的位置正是大火成岩省的中心。地幔柱的存在可以解释柱头的高热状态和高喷发率，以及与地幔柱尾部相关的火山群岛。例如，西印度洋马斯克林海台（Mascarene Plateau）南部的留尼汪岛等火山群岛，以及从德干大火成岩省（Deccan Traps）延伸到印度南部印度洋的火山群岛。

此外，大陨石撞击能使撞击区域在较短的时间内产生高能量。为了解释加拿大萨德伯里杂岩（Sudbury Complex）的某些特征，有学者提出陨石撞击可能引发大火成岩省形成的观点。萨德伯里杂岩即所谓的玄武玻璃（tachylite），由原先的岩石受到冲击后熔融并迅速冷却形成的具有玻璃结构的岩石。一些大火成岩省形成与陨石撞击事件同时发生的观察发现进一步加强了这种观点的可信度。尽管大陨石撞击原则上会引起冲击熔融和随之而来的减压熔融，进而产生与大火成岩省面积相当的岩浆，但陨石撞击与形成大火成岩省之间的关系仍未得到有力证明。太平洋西南部的翁通－爪哇海台（Ontong Java Plateau）是世界上最大的大火成岩省，形成于白垩纪中叶（约 1.2 亿年前）。一些研究人员认为该海台起源于陨石撞击，但认可地幔柱起源说的其他研究人员对这一观点提出了质疑。目前翁通－爪哇海台的起源问题悬而未决，没有任何一种理论可以解释所有大火成岩省的形成，每个理论都有各自的依据。

大火成岩省与物种大规模灭绝之间的关系尚不确定。但两者发生的时间十分接近，或许暗示了它们之间存在某种因果关系。3 亿年来，地球共

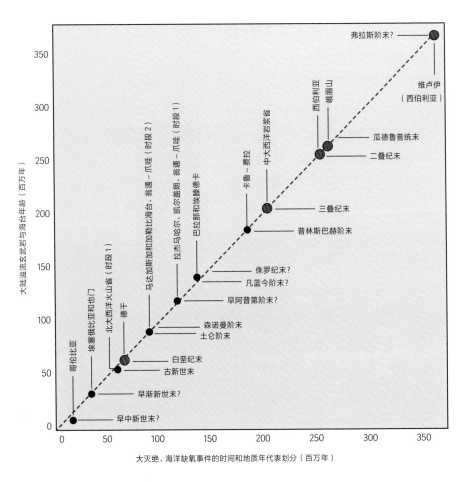

图 62 大火成岩省与物种大规模灭绝之间的关系尚不确定。但两者发生的时间十分接近，或许暗示了它们之间存在某种因果关系。3 亿年来，地球共发生了 4 次物种大灭绝，均与大火成岩省同时出现

发生了 4 次物种大灭绝，均与大火成岩省同时出现。但是，并非所有大火成岩省的喷发都伴随着物种大灭绝。不过比较可信的是，伴随着大火成岩省出现的喷发会向大气中释放大量的二氧化硫（SO_2）和二氧化碳（CO_2），这可能会对气候产生巨大的影响，我们将在第 4 章中详细探讨这一内容。

总而言之，大火成岩省与全球气候变暖有关。二氧化碳是一种重要的温室气体，可以聚集热量；二氧化硫则具有冷却作用。因此，二氧化碳可能是造成这种情况的原因。同时，二氧化碳对海洋也有危害，它抑制了碳酸盐分泌生物的生存。但是，一些科学家指出，大火成岩省存在期间喷发的二氧化碳量不足以引起明显的温室效应并改变地球的平均气温。另一种可能是这些大型火山活动与温室气体甲烷的排放有关，但目前还没有可靠的证据能证明这个论断。科学家仍在不断探索，力图解释物种大灭绝与大火成岩省之间的关系。

其他星球上的火山

火山并不独属于地球，它还广泛存在于其他行星和小行星上。科学家有充足的证据证明火星、金星、月球、木卫一（Io）、灶神星（Vesta，4 号小行星）上都存在火山活动，水星也可能有火山活动。通过卫星捕获的木卫一上火山喷发柱的图像可见，其与地球陆地上的喷发柱类似。月球和火星表面都散布着破火山口，火星上的尤为壮观。但没有证据能够表明以上任何一个星球体具有如地球一般的板块构造。地球上，约 60% 的火山活动缘于建设性和破坏性板块边界（即大洋中脊和俯冲带）处的板块构造活动。现在，我们尚不完全清楚为何板块构造仅存在于地球上。许多人认为，地球表面广阔的水体起到了十分重要的作用。这些水体可能有利于海洋沉积物发生俯冲，反过来又有助于产生利于俯冲的低密度陆壳。无论如何，板块构造的成因仍是未解之谜，想要全面了解地球和其他行星，我们还有很长的路要走。我们唯一能做的就是坚持不懈、继续探究。

③
地震与断层

图 63（左）1923 年 9 月，日本东京和横滨一带发生了关东大地震。此次地震由菲律宾板块碰撞欧亚大陆板块时海底出现的地震断层所引起

1755 年 11 月 1 日，星期六。这天早晨，碧空如洗，里斯本的天气如前几日一样异常温暖。时针刚刚走过 9 点，大地开始震动。随着地面从北向南晃动，建筑物也前后摇晃，并在地震发生一分钟后开始纷纷倒塌。许多人说晃动持续了六七分钟，中间停顿了两次。地面出现狭长的裂缝，坍塌建筑物激起的灰尘形成烟雾，使人难以呼吸。第一次地震的幸存者急急涌到码头，大约 40 分钟后，他们看到海面开始退潮。海水从岸边退去，海岸再无遮拦，沉船的残骸一览无余。此后不久，三个巨大的浪头拍上海岸，淹没了许多幸存者和仅存的建筑物。海浪退去后，大火燃起，吞噬了卢里克侯爵宫殿（Palace of the Marquis of Louriçal）、圣多明各教堂（Church of S. Domingo）、城堡和许多相邻的建筑物。大火持续了五天五夜。全市约 85% 的建筑物被毁，死亡人数高达 3 万至 4 万。

　　这场地震对伊比利亚半岛南部和摩洛哥造成了巨大破坏，同时波及欧洲南部大部分地区。葡萄牙首都受损严重，大量艺术珍品惨遭毁灭，包括达·伽马（Vasco da Gama）的旅行记录。该地震引起了大范围的骚乱，并引发了欧洲学者对于地震成因的热议。德国哲学家伊曼努尔·康德（Immanuel Kant）撰写了一本教科书，在书中解释地震是由地下充满热气的巨大洞穴发生移动而引起的。这种说法并不新奇，它可以一直追溯到希腊和罗马时期，但是康德的书为该理论的传播做出了很大贡献。法国哲学家们还广泛讨论了地震对人们生活的影响。当时法国是光照派的中心，法国学者们非常关注自然现象的成因及其对人们日常生活的影响。

图 64 在路边，安第斯山脉断层显示了火山灰层中的岩石位移情况

　　时至今日，解释地震成因的理论已经发生了重大变化。现代理论认为，地震由应力长期聚集导致的岩石破裂所引起。该理论由美国约翰斯·霍普金斯大学地质学教授亨利·菲尔丁·里德（Henry Fielding Reid）于 1910 年正式提出。该理论兴起于 1906 年美国旧金山大地震之后，被称为弹性回跳说（elastic rebound theory）。根据该理论，岩石内部储存着弹性能量，当岩石因板块移动产生的应力缓慢变形，内部应力超过极限时，岩石破裂并沿着断层面发生位移，能量随之以弹性波的形式被释放并蔓延到地球内部。

　　根据岩石受到的应力类型，断层被分为正断层（normal fault）、逆断层

（reverse fault）和走滑断层（strike-slip fault）。正断层在拉应力的作用下形成。拉应力趋于拉开岩石，岩石断裂后，两个岩石盘会发生相对滑动，使得断层两侧对应两点之间的距离增加。正断层形成时，断面上方的岩石盘（即上盘，hanging wall）相对于断面下方的岩石盘（即下盘，footwall）向下运动。逆断层由压应力推动岩石形成，断面上方的上盘相对于下盘向上运动。走滑断层由施加在岩石上的扭应力引起，岩石断裂之后，两个岩石盘发生横向位移。

地壳和部分地幔形成板块（见第1章），板块运动导致地球内部积累应力。板块之间的相对运动可能会引起板块挤压、延伸或横向滑动，这就可能导致板块边界附近发生地震。板块上各处的移动通常并不均匀，板块内部的变形会在板块内部或边缘附近集聚应力，但由此产生的断层很少蔓延至整个板块，而断层的长度是衡量地震强度的标准之一。

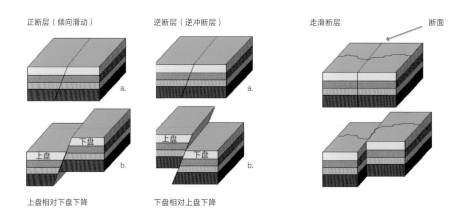

图65（左）正断层在拉应力作用下形成，应力拉动岩石盘，使上盘向下方运动，此时形成正断层。当上盘向上方运动时，形成逆断层

图66（右）走滑断层中，岩石盘沿断面方向水平移动

地震波

2 月 20 日，在瓦尔迪维亚（Valdivia，智利中南部城市）的历史上，这是一个令人难忘的日子。那一天，当地居民经历了记忆中最为惨痛的一场地震。我碰巧在海岸边的树林里躺着休息。突然，地震发生了。那两分钟过得格外漫长，地面晃动得非常明显。我和同伴觉得震动来自正东方向，而其他人则认为来自西南方向，这也说明有时感知震动方向并非易事。站直倒是不难，但是地面晃动让我头晕目眩，犹如置身于颠簸的船上，更像滑过薄冰后冰面因身体重量而弯曲时的感受。一场剧烈的地震立即破坏了我们最古老的联系，即与这片土地的联系。大地曾是牢固的象征，但现在已经在我们脚下发生了移动，仿佛一片薄薄的面包皮在流体上漂移。一瞬间，我心中就浮出了一种陌生的不安全感，事后再怎么回想都不会产生这种想法，唯有亲历。

达尔文（Darwin）

记述 1835 年智利康塞普西翁（Concepción）地震

已存储的弹性能量以弹性波或地震波的形式从断层处（即震源）向四周传播。地震波通过一个个基本粒子的振动传输能量，因为一个粒子可以将能量传播给相邻粒子。不同的振动模式形成了不同类型的弹性波，即所谓的体波和面波。

体波分两种。一种是纵波，像声波一样是稀疏波。纵波进行压缩和伸展的弹性振动，粒子沿传播方向来回振动，也被称为 P 波（primary，主波），其传播速度最快。另一种是横波，粒子的振动方向垂直于传播方向，也被称为 S 波（secondary，次波），传播速度慢于 P 波。

面波在地球表面传播，并随穿透深度的增加而迅速衰减。面波分为两

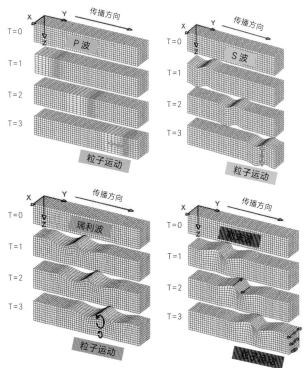

图 67 对于不同类型的地震波，其粒子振动方向不同

种：瑞利波（Rayleigh Wave）和勒夫波（Love Wave）。瑞利波的粒子在垂直于地表且平行于传播方向的平面上运动。勒夫波的粒子做平行于地表的横向运动。由于各种波的传播速度不同，地震波记录仪会连续记录到地震波，首先是 P 波，然后是 S 波，最后是面波。与体波相比，面波通常振幅更高、持续时间更长。在大地震中，面波是造成建筑物损毁的主要原因。

地震仪

地震仪或地震检波器由悬挂在固定支架上的高密度仪器（即重物）组成。地震波传播时，支架随地面发生移动，但重物保持不动，因此支架与重

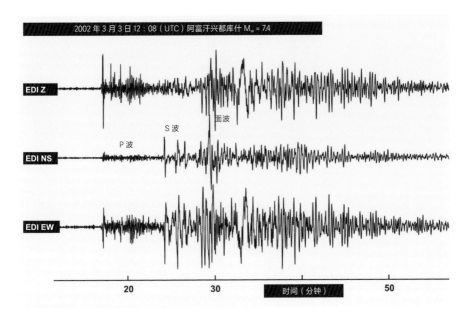

图 68 2002 年 3 月 3 日，阿富汗兴都库什地区发生地震。15 分钟后，苏格兰爱丁堡的一个地震仪绘制了如上的震波图，记录了垂直（EDI Z）、南北（EDI NS）、东西（EDI EW）三个方向地面移动的速度

物之间出现相对运动。悬挂的重物可以垂直或沿某一水平方向振动，据此可将运动分解为垂直、东西、南北三个方向。意大利那不勒斯大学地球物理学教授、维苏威天文台（世界上首个火山天文台）的负责人卢伊吉·帕尔米里（Luigi Palmieri）发明了第一台电磁地震仪。该地震仪能够检测地震波传来的方向并记录其到达的时间，主要用于研究与维苏威火山喷发有关的地震活动。早期的地震仪会在重物上绑一支笔，在以恒定速度转动的滚筒上留下痕迹记录重物的相对位移。现代地震仪则通过数字化方式记录相对运动。

地震发生的位置可通过测量各种地震波到达至少三个不同地震仪的时间确定。P 波和 S 波的传播速度不同（S 波速度较慢），因此这两种地震波到达同一地震仪的时间差随着距离的增加而增加。这个差值可被用来确定

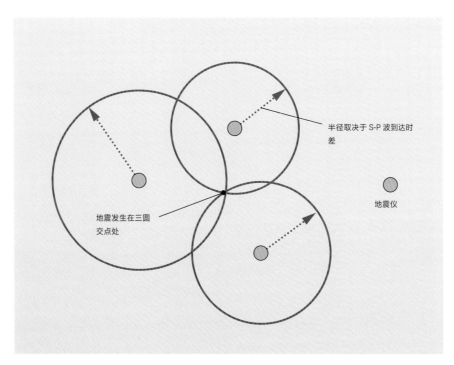

半径取决于 S-P 波到达时差

地震仪

地震发生在三圆交点处

图 69 如何利用 S-P 波到达时差进行地震定位？ S-P 波到达的时差给出了地震点与地震测量台站之间的距离，以此距离为半径的三圆交点即地震发生的大致位置

地震仪与震源之间的距离。地震发生的源头被称为震源，其在地表的投影称为震中。以地震仪为中心、S–P 波到达的时差测得的距离为半径画圆，得到与震源距离相等的所有点的轨迹。三处地震仪的三圆交点便是地震发生的位置。

更精确的方法是通过三个以上地震仪测量 P 波和 S 波到达的时间。这样，即使地震较小、实际震源（即断层）深达几十千米，地震定位也能精确到几百米的范围内。断层的类型（正断层、逆断层、走滑断层）可以通过各地震仪上的初始运动（拉或推）分布情况加以确定。震波图记录了各种地震波的到达情况，包括已在地球内部发生反射或折射的波。

研究地球内部

　　地震波以不同的速度在地球内部传播，传播速度通常随深度的增加而变快。波速取决于介质的弹性性质（一定压力下物体的变形程度）以及刚度和密度。

　　地震波速度之所以随深度的增加而变快，是因为岩石的弹性参数发生了变化。这一特性导致体波随着深度增加而向上弯曲，最终在距震源一定距离处出现在地球表面。远离地震震中的地震仪记录的是经过地球更深处的体波。科学家对地震波传播路径的研究发现，由于地球内部存在一个大范围的不连续面，即地幔和外地核的过渡带，直达 P 波（未在地球内部发生反射的波）存在一个无法到达的阴影区。而 S 波传播时不会穿过此不连续面，这表明外地核是由流体物质构成的。[1]进一步研究发现，内地核由固体

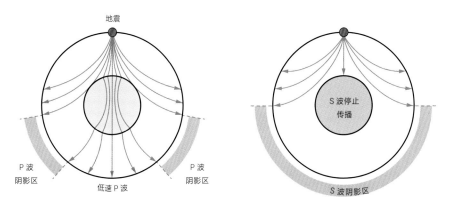

图 70 地震 P 波和 S 波的传播轨迹，以及地幔与外地核之间不连续面带来的影响。到达外核的波发生反射或折射，从而在地球表面形成阴影区。阴影区因波的类型不同而有所变化

---

1 P 波（纵波）在固体、液体和气体中都可以传播，而 S 波（横波）只能在固体中传播。——译者注

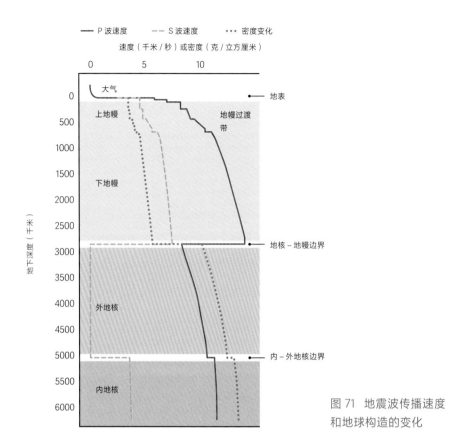

图 71 地震波传播速度和地球构造的变化

物质构成。

更多相关研究使人们对地壳和地幔之间的过渡带有了更清晰的认识。在地幔上部（低速带），地震波的速度略有降低。研究人员认为这与一定比例的流体有关，该流体可能是原生岩浆的来源。

地震的测量

我计划采用的研究方法基于一个显而易见的事实：各种固体会因地

震震动而产生扰动和错位。如果要仔细观察它们移动的方向、扰动程度及作业力学条件，就必须追溯研究引起这些情况的运动或力的效应、方向、速度及其他情况。而为了对比在同等地震作用下，以震中为起点且半径不同时地震波的相对传播距离，并得到清晰的概念，我们必须遵循传统的原则，尝试描绘同等地震作用的形式和边界。因此，我将可感知地震震动的整个广阔地区划分为四个大致同心的区域，每个区域都有一个任意但确定的地震强度极限值。

罗伯特·马莱（Robert Mallet）

记述 1857 年意大利那不勒斯地震

1857 年，意大利南部发生大地震并造成大面积破坏后，爱尔兰土木工程师罗伯特·马莱访问了该地。他建立了观测地震学的第一法则，并用线圈出地震破坏程度相同的区域，以更好地描述地震的影响，这些线被称为等震线。1862 年，英国皇家学会收到大量报告，标志着定量观测地震的开始。

观测与评估

1878 年，意大利地震学家米歇尔·斯特凡诺·德罗西（Michele Stefano De Rossi）和瑞士科学家弗朗索瓦 - 阿方斯·福雷尔（François-Alphonse Forel）细化了地震烈度表，将地震造成的影响分为 10 级。但罗西 - 福雷尔地震烈度表没有很好地考虑到强烈的地震，因此，意大利地震学家朱塞佩·麦加利（Giuseppe Mercalli）于 1902 年修订了此烈度表。1908 年，意大利南部发生大地震，摧毁了墨西拿和雷焦卡拉布里亚两座城市。随后，在意大利物理学家阿道夫·坎卡尼（Adolfo Cancani）的建议下，麦加利进一步增加了两个地震等级。1930 年，德国地球物理学家奥古斯特·西贝格（August Sieberg）考虑到更广泛的地震烈度分类，再次修订了此烈度表。自那时起，该烈度表被称作麦加利－坎卡尼－西贝格烈度表，即 MCS 烈度表。1931 年，美国地震学家哈里·伍德（Harry Wood）和弗兰克·诺伊曼（Frank Neumann）对其进行了修订。1956 年，查尔斯·里希特（Charles Richter）再次修订该烈度表，使其适用于美国建筑物的类型，该烈度表被称为"修正麦加利地震烈度表（MM）"。后来，更多适用于现代建筑物的烈度表相继问世。欧洲当前使用的是欧洲地震烈度表（EMS），如下表所示。

　　麦加利的地震烈度表及其衍生表通过描述地震对人类和建筑物的影响来衡量地震的强度，但并不反应地震的能量等级。因此，沙漠区的强震无法用这种烈度表进行分级。

EMS 烈度	定义（对于典型、可观测的地震影响的描述）
1 度　无感	无感。
2 度　基本无感	室内极少数处于静止状态的人可感觉到。
3 度　微弱	室内少数人可感觉到。处于静止状态的人可感知到晃动或轻微震颤。
4 度　被广泛感知	室内大多数人、室外极少数人可感觉到。少数人被震醒。门、窗、器皿作响。
5 度　强烈	室内大多数人、室外少数人可感觉到。多数正在睡觉的人被震醒，少数人感到恐惧。整个建筑物出现颤动，悬挂物大幅摆动，小物件移位，门窗震开或关上。
6 度　轻微损坏	多数人感到恐惧，逃至户外。一些物品掉落。部分房屋出现非结构性的轻微损坏，比如出现发丝般的裂缝，小块灰泥掉落。

EMS 烈度	定义（对于典型、可观测的地震影响的描述）
7 度　损坏	大多数人感到恐惧，逃至户外。家具移位，大量物品从架子上掉落。多数质量良好的普通建筑物受到中等程度的损坏，如墙壁出现裂缝、灰泥掉落、烟囱部分掉落；老旧建筑物的墙壁上会出现大裂缝，墙体出现非结构性损坏。
8 度　严重损坏	多数人难以站立。多数房屋的墙壁上出现大裂缝；少数质量良好的普通住宅出现严重的墙体损坏；老旧建筑物可能会坍塌。
9 度　破坏	普遍恐慌。多数脆弱的建筑物坍塌，一些质量良好的普通住宅也严重损坏，如严重的墙体损坏及部分结构性损坏。
10 度　严重破坏	多数质量良好的普通住宅坍塌。
11 度　毁灭	大多数质量良好的普通住宅坍塌，甚至一些具有出色抗震设计的房屋也被摧毁。
12 度　彻底的毁灭	几乎所有建筑物均被摧毁。

△ 欧洲地震烈度表 12 种烈度的可观测地震影响。

物理测量方法

　　得益于地震仪的发明，我们可以通过物理方法对地震进行分类。1935年，地震学家查尔斯·里希特开始利用一种名为伍德－安德森（Wood-Anderson）、放大倍数固定的特殊地震仪对南加州的地震进行分级。该方法旨在建立一定震动所能引起的峰值波振幅与距离之间的关系。根据该方法，震级用距离校正后的峰值波振幅（以毫米为单位）的对数来衡量。这一方法——耳熟能详的里氏震级——首先在美国使用，而后风行世界。在这一标度中，地震的烈度通过地震强度进行分级。里氏震级也被称为近震震级，因为它不适用于距离超过 600 千米至 700 千米的地震。里氏震级写作 M_L，其中"L"代表"当地的（local）"。此外还有其他对地震进行分类的震级，如指示体波和面波振幅的震级，分别为 M_B 和 M_S。不过，大地震的测量仍存在短板。里氏震级低估了 7 级以上地震的破坏性，体波震级（M_B）和面波震级（M_S）也存在一些其他的问题。

　　估算地震的里氏震级时，可直接在震波图上测量其振幅。估计振幅的校正距离则需要借助 S-P 波到达的时差。1979 年，美国地震学家托马斯·汉克斯（Thomas Hanks）和日裔美国地震学家金森博雄（Hiroo Kanamori）试图解决这一问题。两人将矩震级（M_w）与断层大小相关联，并使用一种名为地震矩（M_0）的量度，使研究人员可以更好地描述大型地震。1960 年，智利发生了大型地震，这是目前已知的最大地震，之前使用面波震级（M_S）将其归为 8.3 级。

年份	位置	矩震级
1952	俄罗斯堪察加半岛	9.0
1960	智利蒙特港、瓦尔迪维亚	9.5
1964	阿拉斯加	9.2
2004	印度尼西亚苏门答腊岛西海岸亚齐省	9.1
2011	日本本州	9.1

△　上表显示了自 1900 年以来地球上发生的大型地震。

矩震级（M_w）的测算需要分析整个信号频谱，并花费一些时间进行评估。因此地震发生后，震级评估通常先基于面波震级（M_S）进行。多种度表的使用常让新闻界和媒体困惑不已，人们无法理解各种评估方法之间的差异。

地震风险

尊敬的卢西留斯（Lucilius）：

　　我们刚刚得到消息，坎帕尼亚（Campania）的名城庞贝在一场地震中损失严重，且这场地震波及了周围的所有地区。您知道，这座城市坐落在美丽的海湾旁，距大海很远，周围是两片交汇的海岸，一侧毗邻苏莲托（Surrentum）和斯塔比亚（Stabiae），另一侧是赫库兰尼姆。灾难发生时正值冬天，而我们的祖先曾宣称冬天不存在这种危险。2月5日，在雷古勒斯（Regulus）和维吉尼厄斯（Virginius）执政期间，地震发生了，坎帕尼亚全省遭到破坏。一直以来，这一地区常常收到地震的风险警报，但在此之前这些毫无根据的警报从未成为现实，这片土地一次又一次幸免于难。

　　以下细节将揭示灾难达到何种程度：赫库兰尼姆城部分倒塌，仅存的建筑物都成了危房。努凯里亚（Nuceria）经历了地震的折磨，但未被破坏。对于那不勒斯而言，这场地震带来的影响有限，尽管它原本可能会带来灭顶之灾：许多民宅被损毁，但公共建筑均留存了下来。

塞涅卡（Seneca）

选自《自然问题》（*Naturales Quaestiones*，公元 65 年）

　　哲学家塞涅卡通过上述文字回忆了公元 62 年发生的地震。这场中型地震摧毁了庞贝城，距离火山喷发（公元 79 年）仅有 17 年。地震一直影响着人类的生活。公元前 464 年，一场地震导致斯巴达遭受大面积破坏，奴隶们揭竿而起，斯巴达与雅典的关系因而紧张起来。公元 17 年，一场剧烈的地震使吕底亚（今土耳其西部）的 13 个城市遭到重创，历史学家塔西佗（Tacitus）也对此进行过回忆性描述。为了铭记这场大地震，并弥补地震造成的损失，皇帝提比略（Tiberius）铸造了一种硬币，上面刻有"亚细亚城市重建（CIVITATIBVS ASIAE RESTITVTIS）"的字样。

地震可能会将建筑物彻底摧毁，因为地面震动会带来很大的加速度，其值可能大于重力加速度（约 9.8 米／秒^2）。而建筑物倒塌的主要原因就是振幅较大的面波带来的切向力（tangential force）。当今最具破坏性的地震之一发生在中国唐山。1976 年 7 月 28 日，位于北京以东约 150 千米的唐山市发生了 7.8 级（M_L）地震。该地区人口密度高，建筑物质量差，地震最终导致 95% 的建筑物被摧毁，死亡人数高达 24 万余人。

1883 年，意大利伊斯基亚岛（Ischia Island）发生强震，人们因此对地震破坏力的认知迈出了重要一步。这场地震的震级可能低于 5 级（M_L），却摧毁了伊斯基亚岛上的卡萨米乔拉镇（Casamicciola）。值得注意的是，镇上紧挨广场的建筑完好无损，离广场稍远的其他建筑则被彻底摧毁。这一现象激发了学者们的研究热情，学界第一次就不同地面类型对地震波的反应差异展开研究。例如地面液化，地面由于振动可能会失去内部应力，导致地面无法支撑上覆的建筑物。

板块构造动力学阐释了地震的发生，汇聚型板块边界附近地震活动尤为剧烈。地震的历时分布情况由岩石圈内应力的集聚决定，同样的断层可能会在千年内引发类似的地震。

虽然目前人们无法预测地震，但可以根据已知的断层分布情况和地震历史绘制出高概率地震地图。多个欧洲科研机构在欧盟委员会第七框架计划（FP7）的赞助下启动了一项名为"欧洲地震危险性协调（SHARE）"的项目，

图 72　1976 年中国唐山大地震造成的破坏

图 73　1964 年日本新潟地震期间出现砂土液化现象，导致建筑物整体倾斜倒下，但建筑物本身没有受损

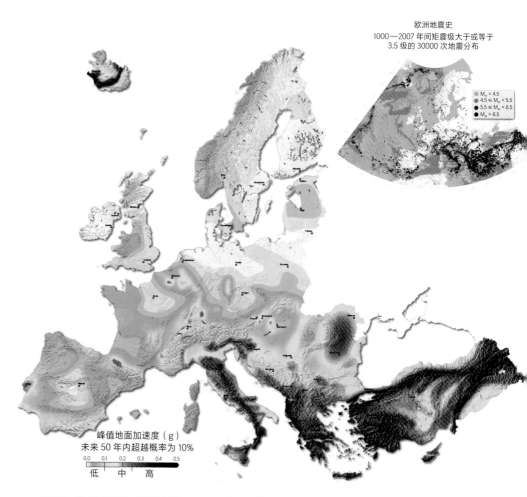

欧洲地震史
1000—2007 年间矩震级大于或等于
3.5 级的 30000 次地震分布

M_w < 4.5
4.5 ≤ M_w < 5.5
5.5 ≤ M_w < 6.5
M_w > 6.5

峰值地面加速度（g）
未来 50 年内超越概率为 10%

0.0　0.1　0.2　0.3　0.4　0.5
低　　　中　　　高

图 74　欧洲地震危险性协调（SHARE）计划旨在为欧洲 – 地中海地区提供地震危险性
模型

主要目标是为欧洲 – 地中海地区提供以区域为基础的地震危险性模型。该
项目的首批成果之一是汇编了欧洲和土耳其的地震危险性概率图，显示了
未来 50 年内地面震动（即最大的水平地面加速度）概率达到或超过 10% 的
区域。这意味着，按照欧洲国家标准建筑规范的规定，此类地面震动平均

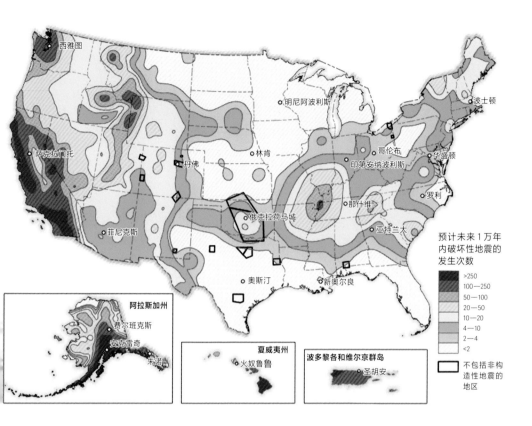

图 75 美国地质调查局地图显示了科学家预测的美国各地发生破坏性地震的频率，以告知公众其所在地区地震时地面震动的危险性

每 475 年发生一次。意大利、希腊和土耳其北部等深色区域对应的峰值地面加速度约为重力加速度的 50%（4.9 米／秒²），这可能导致所有建筑物倒塌。

海啸与地震

那天早上，我正和朋友们踢足球。突然发生了强烈的地震。我们赶忙跑回家，到家后巨大的噪声响起，像飞机飞过的声音。我看向海面，见到了某些以前从未见过的场景，我害怕极了。我们一家人冲进自家的小货车，但想要逃跑的人把道路挤得水泄不通。后来，黑色的海浪拍上小货车，让我们翻了好几个跟头，我随后昏了过去。等恢复了意识，我发现自己已经掉在海里了。我抓住一把校园椅，漂着漂着，漂到了海滩上。我不知道自己身在何处，只知道自己又饿又渴。周围到处是尸体和碎片。在一棵红树下，我看到一张被冲来的床垫。我开始四处寻找袋装面条和瓶装水，把它们收集在床垫旁。5天后，我吃光了所有的食物，水也没了。我一个人在那里待到第20天。那一天，我看到有人来收尸。他们救了我，把我带到了华基纳医院，我在那里遇到了我的父亲。父亲告诉我，母亲和姐姐都在海啸中丧生了。

17 岁的马苏尼斯

印度尼西亚班达亚齐（Banda Aceh）阿鲁纳甲（Alue Naga）村，2004 年

世纪之交以来，自然灾害频发，曾经只有专家和太平洋沿岸居民才知道的危险现已被公众熟知。苏门答腊岛和日本福岛分别于 2004 年和 2011 年发生了大地震，震后巨大的海浪淹没了海岸附近数百米的陆地，摧毁了沿途的一切，夺去了数十万人的生命。而相关影像被媒体传播到世界各地。英文中的海啸（tsunami）一词源于日语，字面意思是"巨大的港内海浪"。海啸是一种破坏性海浪，其波长（即波峰与波峰之间的距离）可达数百千米，仅在海岸线附近可以观察到。浪头在开阔的水面上推进时可能不会引起注意，但抵达海岸线时，波高可达数十米，具有摧枯拉朽的气势。海浪呼啸造成一片狼藉，危险的碎片被海水裹挟而去，因此海水退去时，破坏力反而有增无减。海啸的第一个信号是退潮，可能会露出数百米的海床。退潮后，第一波浪头紧接着拍上岸来，仿佛突然掀起的水墙，又如快进的潮汐。强震引发的海啸可能会产生多道海浪，并持续数小时之久。

图 76 2011 年日本福岛县相马市地震前（左图）和地震后一天（右图）的卫星图像，充分体现了地震海啸的巨大影响

　　地震并非海啸的唯一诱因，海底滑坡和火山喷发也可能引发海啸。海啸与地震的关联非常复杂，总的来说，海啸是发生在海底板块浅层的猛烈逆冲地震的结果。推力造成大量海水突然位移，随后，受到扰动的海水从波源区向四周传播。海啸波以高速扩散，波速随着海水深度的增加而加快，不仅可以横越整片大洋，甚至没有震感的区域也可能会遭遇海啸的袭击。1946 年，位于美国阿拉斯加的阿留申群岛发生 8.6 级（M_w）地震，地震引发的海啸袭击了夏威夷群岛，造成夏威夷 159 人死亡，其余地区 6 人死亡，经济损失达到 2600 万美元。这场灾难过后，夏威夷成立了世界上第一个海啸预警中心。1964 年，阿拉斯加再次发生大地震，预警系统进一步得到加强。1967 年，在美国海岸和大地测量局（CGS）的赞助下，美国阿拉斯加帕尔默建立了帕尔默天文台。2013 年，该天文台成为美国国家海啸预警中心（NTWC），主要职能是发布可能影响美国海岸线的海啸警报。2004 年，印度洋遭遇地震和海啸灾难，随后，夏威夷的太平洋海啸预警中心开始为太平洋亚洲地区发布警报。

4

影响与益处

图 77（左）1991 年，菲律宾皮纳图博火山发生了普林尼式喷发，伞状的火山柱直冲云霄

芬芳的金雀花，

安于荒漠：

寸草不生的维苏威火山，

这残暴的毁灭者……

……田野上散落着

贫瘠的火山灰，覆盖着

坚实的熔岩，

在行者脚下回响……

贾科莫·莱奥帕尔迪（G. Leopardi）

《金雀花》（*Broom*），1836 年

　　美国地质调查局（USGS）的数据显示，全球约有 1500 座潜在的活火山，其中约 500 座在历史上曾经喷发过。这一数据未顾及海底的火山。每天，地球上都有 10 到 20 座火山在喷发。作者撰写本文时，根据美国史密森学会国家自然历史博物馆的"全球火山活动项目"，有 18 座火山正在喷发。超过 8 亿人居住在离活火山不足 100 千米的范围内，为什么明明知道存在危险，人们却仍住在火山附近呢？

　　本章中，我们将探讨火山对地球环境和人类生活的影响，以及火山给附近居民和远方居民带来的危害与益处。火山以一种出乎意料的方式影响

着人类生活的方方面面，从矿产资源、肥沃的土壤到地热能，无不是火山的恩典，甚至猫咪也从火山的废物中受益！火山不仅影响了气候，还影响了人类的艺术文化，但也对住在附近的居民构成威胁。火山带来了多种类型的风险，为了降低这些风险，科学家正致力于探究火山喷发的复杂机制，我们将在下一章中具体阐释。

火山与气候

1991 年 6 月 15 日，菲律宾的皮纳图博火山苏醒，发生了 20 世纪第二大规模的火山喷发。皮纳图博火山喷发时产生了蔓延数百千米的火山灰云，以及汹涌的火山碎屑流和泥流。本次火山喷发对居民和气候产生了深远的影响。幸运的是，皮纳图博火山在喷发前的几个月就释放出了一些信号，因此附近的土著居民阿埃塔人（Aeta）已提前从火山斜坡上的居住地撤离。大约 18 年后，其中的多数人仍住在安置点。居住在皮纳图博火山附近低地的 20 万人一直面临着火山泥流（火山斜坡上松散的火山碎屑物经雨水冲刷发生位移，从而形成的泥流或岩石碎块流）的威胁——在台风期这些火山泥流随时可能掩埋他们的家园。皮纳图博火山喷发还对全球气候产生了影响。事实上，火山喷发会向大气喷射出气体，其中的硫化物气体进入大气后会转化为硫酸盐气溶胶，散射部分太阳辐射，地球表面因此冷却。与此同时，硫酸盐气溶胶还会吸收太阳辐射和地球辐射，从而使平流层的温度升高。这一系列综合效应会增强极地到赤道的温度梯度，对气候产生极为重大的影响。热带地区的火山喷发可使北半球的大陆在冬季升温，在夏季降温，温度增降幅一般在 0.3 到 0.8℃之间，最高可达 1℃。

皮纳图博火山云仅用 22 天就绕行了地球一周。据计算，有 300 万吨二氧化硫在一周内消失。这些硫转化为硫酸和水的混合物，以微小颗粒的形

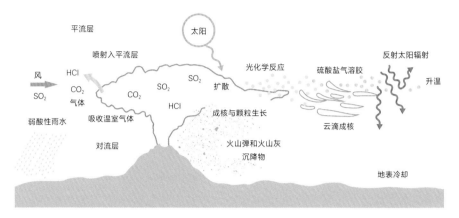

图 78 火山喷射入大气的物质及其影响

态在平流层停留数月之久，引起光学效应并散射太阳辐射。1991—1993 年，约有 2000 万吨二氧化硫被喷射入平流层并扩散到全球各地，导致气温下降 0.5℃。皮纳图博火山喷发为科学家提供了一个研究火山喷发长期影响的机遇。随后，科学家开始研究过去的火山喷发，寻找火山喷发影响气候的证据。

　　1815 年，位于印度尼西亚松巴哇群岛的坦博拉火山喷发，对全球产生了更巨大的影响。这次喷发发生于 1815 年 4 月，火山爆发指数（VEI）达到 7 级，是过去 500 年来最大规模的火山喷发。坦博拉火山喷出了 160 立方千米的喷发物，火山柱达到约 43 千米的高度，爆炸声在 2000 千米外都可以听到。坦博拉火山还发生了大面积的坍塌，由此引发了海浪长达 4 千米的海啸。此次喷发约造成 6 万人死亡。在欧洲，关于此次火山喷发的消息极少且姗姗来迟，直到 7 个月后，11 月的报纸才提及此事（当时还没有发明电报）。但正如我们目前所知，那场遥远而鲜为人知的火山喷发是造成 1816 年农作物大减产、饥荒和天气异常的罪魁祸首，那一年被称为"无夏之年"。在欧洲、亚洲、美国东部和加拿大，有多少人承受了这次火山喷发的后果尚且不得而知，但是人们对天气的记录格外清晰——异常寒冷、多雨，尤其是夏季。坦博拉火山喷发造成了毁灭性的后果,农作物大减产进而引发了严重的饥荒。有一种说法称,在滑铁卢战役(1815 年 6 月 18 日)中,拿破仑一世之所以败于惠灵顿公爵领导的反法联军,部分原因就在于坦博拉火山的喷发。当时的天气异常潮湿,战场一片泥泞,战役被迫推迟,普鲁士和英荷联军因此得以汇合。正如维克多·雨果(Victor Hugo)在《悲惨世界》中写道:"如果 1815 年 6 月 17 日、18 日夜晚没有下雨,欧洲的未来就会有所不同……不合时宜的多云天气足以让世界轰然倒塌。"这个说法还未经证实,但一座遥远的火山确实有可能在欧洲,乃至人类历史中扮演起举足轻重的角色。这绝非孤例,稍后我们会分享更多的案例。

1883 年 8 月 26 日至 27 日,印度尼西亚喀拉喀托火山(Krakatoa)喷发,这又是一次威力巨大、改变世界的火山喷发。由于安装不久的海底电缆可以传输电讯,这次喷发成为有史以来第一回登上了世界头条新闻的巨型火山喷发事件,因而被写入许多科学论文和科幻小说。这也是第一次被详细研究的大型火山喷发,1888 年,伦敦皇家学会对此发布了一份详尽的报告。喀拉喀托火山喷出的火山灰在大气中产生了十分震撼的光学效应。天空蒙上一层粉红、淡粉紫和紫色交织的薄雾,五彩斑斓,并且延续了数月之久。以透纳(Turner)为代表的许多画家都通过作品捕捉了这份美丽。媒体也纷纷报道了当天多次出现的剧烈爆发,其中最剧烈的一次发生在 1883 年 8 月 27 日早晨,爆炸声传到 4800 千米之外,地球上 10% 的范围内都可听到。

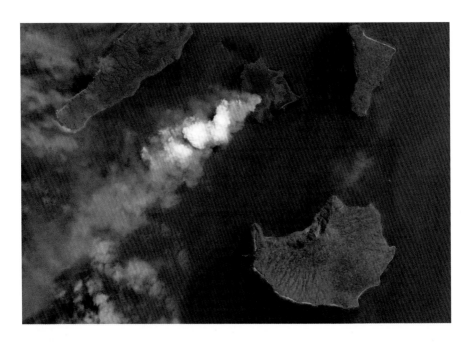

图 79、80 2018 年 9 月，卫星从巽他海峡（Sunda Strait）上空（上图）拍摄到了印度尼西亚喀拉喀托之子火山（Anak Krakatau），火山灰向西南方向扩散。喀拉喀托之子火山形成于 1927 年，一直处于非常活跃的状态

就在施鲁伊特看着劳顿号驶向安全港的时候，爆炸声第一次响起。那一声宛如晴天霹雳，他想：这比他记忆中最响亮的声音还要大得多。他猛地向左扭头看去，一场惊天动地的火山喷发映入眼帘，令他久久不忘。

西蒙·温彻斯特（Simon Winchester）

《喀拉喀托：世界爆炸的那一天》

（*Krakatoa: The Day the World Exploded*），2004 年

喀拉喀托火山喷发是过去 200 年来规模最大的火山喷发之一。但单就爆炸式而论，这次喷发既不特别，也称不上最为剧烈——火山爆发指数为 6 级。尽管如此，这依然是一场灾难。火山喷发期间，半座火山化为乌有，大量海水被移动，进而引发了一场大海啸。爪哇岛和苏门答腊岛的海岸线被淹没，数万人受到影响。喀拉喀托火山喷发带来的一个间接后果是：它与许多直接性事件一起导致了苏门答腊和爪哇殖民社会的彻底崩溃。英国皇家学会发布报告称，曾观察到"浮石筏（pumice raft）"漂浮在人类遗体旁，也有人曾在印度洋甚至非洲海岸线附近看到漂浮着的浮石筏。

"……大约在 1884 年 7 月的第三个星期，男孩们……惊喜地在海滩上发现了会漂浮的石头，这显然就是浮石。同行的那位女士……还发现有一些人类头骨和其他部位的骨头……很干净的骨头，没有肉附着在上面……"

"路过那不勒斯湾的英国船只……报告说……火山活动期间，在距爪哇岛 120 英里处遇到了动物甚至老虎的尸体，以及约 150 具人类尸体……就在水流裹挟着的巨大树干旁。"

西蒙·温彻斯特

《喀拉喀托：世界爆炸的那一天》，2004 年

图 81 浮石是一种极轻且多孔的火山岩，由富含气泡的玻璃质熔岩迅速冷凝形成，主要在普林尼式火山喷发期间产生

这次喷发后，喀拉喀托火山在持续生长。1927 年，一个名为喀拉喀托之子的新岛屿出现，该岛后来消失，又重新出现了几次。我们今天看到的是 1931 年重新出现的岛屿，它同样在不断生长。喀拉喀托火山依然非常活跃。其最近一次喷发发生在 2018 年 12 月，还引发了一场海啸，规模虽然小于 1883 年的海啸，但仍造成了人员死亡和破坏。

火山：环境和资源

火山在地球上扮演着举足轻重的角色，大气正是火山活动的产物。45亿—35亿年前，早期地球的大气主要由火山释放的二氧化碳组成，二氧化碳是光合作用的基础。有机碳掩埋和光合作用促使氧气逐渐积累，同时使火山蒸汽（H_2O）冷凝形成海洋。20亿年后，大气中的氧气达到一定浓度。自此，大气成分渐渐演变成今天的样子。

通过深海热液喷口，火山对生命的起源也起到了至关重要的作用。热液喷口被称为海底"烟囱"，热量来自火山活动。其温度环境从炎热（最高达到400℃）到温暖（50—90℃）。一般来说，温度较高的热液喷口会喷发出一团团含硫矿物的黑色颗粒，形如黑云，因此被称为"黑烟囱"。这些矿物质是深海环境的一大特征。温度较低的热液喷口大多排放出云状的白色物质，被称为"白烟囱"。海底"烟囱"为各种微生物群落提供了温暖的栖息地。在干旱的陆地上，硫质喷气孔（solfatara）附近的土壤、泥孔和被火山（表面温度达到100℃，地下深处温度更高）加热的地表水创造了又一种适合微生物繁衍的环境。这种耐受高温的微生物——超嗜热菌（hyperthermophile）——被认为是最早的活细胞之一，只需要水、微量矿物质和热量便可生存。而热液喷口和硫质喷气孔附近都具备这三样东西。在接下来的几页中，我们将探讨与火山环境相关的主要资源。

地热能

岩浆侵入地壳，为周围的岩石和地下水带来了强大热源。如果周围的岩石具有渗透性并且地下水充足，那么可能形成地热系统，该系统则可被用于发电。1904年，意大利中部建立的拉德瑞罗地热田率先开启对地热系统的利用。该地热田目前仍在运行，是世界上最大的地热田之一，供给的地热能占全球地热能总量的10%左右。在冰岛，25%的电力来自地热资源，约90%的房屋由地热能供暖。地热能是一种可持续性能源，通过优化生产方式，可以持续供给。

热水和蒸汽也能在人们沐浴和准备食物时派上用场，特别是对于早期人

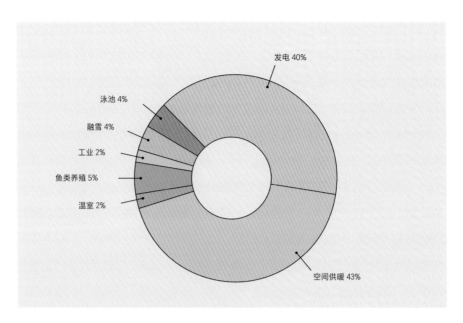

图 82 2013 年冰岛生产的地热能的使用情况

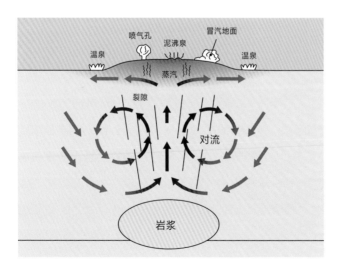

图 83 地热系统与岩浆活动的关系。朝下的蓝色箭头表示大气降水向下渗透，为该系统提供水源补给，并被来自岩浆的热量加热。经加热的水向上移动（红色箭头），将热量传递到较浅的位置，在那里沸腾的地热水和蒸汽可以到达地表

类而言。黑鸡蛋（Kuro-Tamago）是日本地热活跃区大涌谷的一大特产。鸡蛋先在80℃的天然温泉水中煮60分钟，然后在100℃的蒸汽中蒸15分钟左右。温泉水和火山气体中的硫和铁使鸡蛋变为黑色，并且增添了一股火山的味道，十分诱人。当地人相信吃黑鸡蛋对健康很有好处，甚至可以延年益寿。

矿产资源

人类离不开矿产资源。矿产资源是一个笼统的术语，指在岩浆、热液环境等多种地质过程中形成的，具有内在经济价值（即有足够的储量，满足经济开采的要求）的各种矿物，如矿石、建筑石材和化石燃料等。其用途涉及人类日常生活的方方面面，从电脑、汽车和手机的部件，到肥料、清洁剂，甚至猫砂盆中的猫砂，无一不使用矿产资源。

矿床是丰富矿产资源的集合，指所含有用元素的数量和含量足够高，在一定条件下可以进行经济开采的大量岩石。有用元素主要指金属，如非常重要的铜、金和铁等；其次还包括萤石和石棉等非金属。许多类型的矿床诞生在与火山或岩浆相关的环境中。火山矿床包括三类：金属矿石，如斑

图 84 火山熔岩中的硫块（黄色）。硫化氢气体和二氧化硫在活火山的火山口周围发生反应，形成硫块

岩铜矿床、金-银矿床、锌-铜-铅矿床等；非金属矿石，如石膏和用作肥料的磷矿；工业矿石，如黏土和沸石。

火山岩中蕴藏的金属矿物（铜、镍、锌、金、银、铂族元素和稀土元素）对于现代技术而言无疑至关重要。这类矿石的开采是经济发展的动力，但也可能会对人类和环境带来巨大挑战。采矿对环境和矿区居民的影响不在本书的讨论范围，但可以肯定的是，科学界和采矿公司之间存在巨大的分歧。目前，人们越来越关注在不损失经济利益的前提下，协调采矿活动与环境保护，减少对当地居民的不良影响。

硫是火山气体中最丰富的元素之一，以二氧化硫和硫化氢的形式存在。硫在活火山的火山口周围固化成黄色的团块。在活火山中开采的硫，经加工可用于制作糖漂白剂、火柴、烟花、杀虫剂、化肥、硫化橡胶、玻璃、水泥拌合物和黏合剂，也可用于治疗皮肤病。

在印度尼西亚爪哇岛东部，硫决定着许多人的生死。矿工们在完全没有保护措施的情况下，在伊真活火山（Ijen Volcano）的火山口手工开采硫。他们携带重达 90 千克的硫，从火山口向上爬 200 米到达火山口边缘，然后向下走 3 千米到达外围的斜坡，一天要往返数次。这是一份高危的工作。硫化氢和二氧化硫等有毒的火山气体会灼伤工人的眼睛和喉咙；时间过长的情况下，甚至可以溶解牙齿。这种传统的硫开采方法曾在意大利、智利和新西兰等多国使用。如今，人们可以用相对安全的现代方法生产硫，比如利用其他工业过程（如炼油）生产出作为副产品的硫。

火山与人类

火山与人类之间有着非常紧密的关系。这种关系可以追溯到人类祖先生活的时代，甚至备受争议的人类起源时期。火山活动深刻影响着人类的

图 85　印度尼西亚爪哇岛东部，硫黄矿工爬上伊真活火山，从火山口附近的硫黄矿中取出硫黄块

进化、环境适应和迁徙，这一观点已存在有力的证据支持，特别是东非裂谷中的考古发现。类人古猿和早期原始人在东非裂谷中直立行走，他们的脚印留存在坦桑尼亚莱托利（Laetoli）地区约 360 万年前的火山灰中。230 万年前，能人（*Homo habilis*）出现在莱托利地区；约 180 万年前，现代人类的祖先直立人（*Homo erectus*）出现。他们已从素食变为杂食，为了应对饮食习惯的变化，不得不从森林走向大草原，时时面对着危险而凶猛的食肉动物。东非裂谷的地质活动十分独特，火山喷发和地震使裂谷不断获得活力，这可能为我们的祖先提供了理想的生存环境。有人提出，不断变化的恶劣环境，如剧烈的火山活动，诚然对人类生存提出挑战，但同时也提供了保护，刺激了人类进化并增强适应力。

有关我们的直系祖先智人（*Homo sapiens*）的最早证据发现于如今的埃塞俄比亚，可追溯到大约 19.5 万年前。在那里，他们经历了严寒、气候变化和灾难性的火山喷发。现代遗传学表明，与现代人口相比，早期人类的种群数量更少，且如今的人类源自非洲的不同地区，起源十分复杂。10 万年前，现代人类开始从非洲向南亚迁徙；6 万多年前，人类抵达澳大利亚等遥远的地区。

大约 7.4 万年前，苏门答腊北部的多巴超级火山发生了能量震级 8.8 级（$M_e = 8.8$，M_e 为基于喷发物总质量计算的喷发量级）的大喷发，形成了一个 100 千米长、30 千米宽的火山口——正是今天多巴湖的所在地（见第 2章）。此次喷发的喷发物被称作雅戈尔多巴凝灰岩。此后，多巴火山在历史上没有再喷发过，但该地区的火山和地质构造仍处于活跃状态。事实上，多巴火山口的南部边缘位于与大苏门答腊断层有关的断裂带上，进而又与印度板块向巽他板块下方俯冲的俯冲带，以及在 2004 年引发苏门答腊 - 安达曼大地震和地震海啸的巨型逆冲断层有关。

一些火山学家和古人类学家共同努力，通过 DNA 等证据得出结论：7.4

万年前的多巴火山喷发以及随之而来的寒冷气候几乎将我们的祖先彻底消灭。也许是因为长达 10 年的寒冬导致了大范围饥荒，随后的千年内气候寒冷又干燥，那时的人口迅速衰减到仅仅几千人。

这一理论虽然新奇，但远未被接受。持反对意见的人士强调，多巴火山喷发导致寒冷气候出现的证据并不能令人信服。首先，火山喷发时释放的硫固然可能引起重大的气候变化，但对格陵兰冰芯的研究表明，多巴火山喷发时的硫排放量比此前认为的要少得多。其次，在多巴火山喷发之前，气候已经开始变冷，对古气候记录和气候模型的解析不足以将这一现象与多巴火山喷发完全联系起来。再次，除人类外，其他物种均未显示出数量减少和低水平的线粒体 DNA 多样性。这是一个强有力的证据，因为大规模的火山喷发加上长时间的寒冷气候，理论上来说应该影响到全球的生物物种。最后，亚洲哺乳动物的化石记录否定了灭绝的假说，即使在多巴地区也似乎没有出现过动物灭绝。

总而言之，我们的祖先并不是在一场火山大喷发中幸存的少数物种。但是，如上文所述，火山会以积极和消极的方式对人类生活产生重大影响。剑桥大学的火山学家克莱夫·奥本海默（Clive Oppenheimer）也曾说过，火山喷发"震撼了世界"。许多著名的案例都可以佐证火山喷发对人类生活的广泛影响，其中一些已被反复书写和长久流传。例如：公元 79 年庞贝附近的火山喷发和存留的人体化石；青铜时代晚期（公元前 1700—前 1500年）的米诺斯文明时期，希腊圣托里尼火山（Santorini Volcano）喷发；迈锡尼文明时期的地震；等等。此外，还有一些故事鲜为人知，比如墨西哥的泰提姆帕村（Tetimpa）和波波卡特佩特火山喷发。

泰提姆帕

墨西哥的波波卡特佩特火山是地球上最活跃的火山之一，受其威胁的人

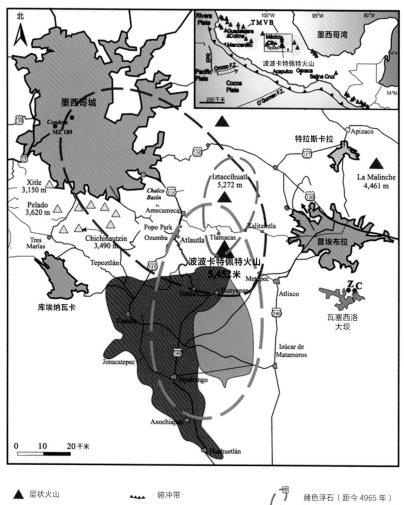

图例		
▲ 层状火山	⌁⌁⌁ 俯冲带	⌒ 赭色浮石（距今 4965 年）(Arana-Salinas et al., 2010)
△ 全新世火山渣锥	瓦塞西洛大坝	⌒ 混合浮石（距今 14100 年）(Sosa-Ceballos et al., 2012)
◇ 主要城镇	Z.C 放射性碳样本	⌒ 白色浮石（距今 23500 年）（本作）
高速公路	岩屑崩落沉积（距今 23500 年）	
	岩屑崩落沉积（距今超过 50000 年）	

图 86 波波卡特佩特火山及周边主要城镇地图。10 厘米等厚线显示了过去 2.3 万年间发生的 3 次普林尼式火山大喷发

图 87　墨西哥波波卡特佩特火山，北美最活跃的火山之一

口数量居高不下：超过 2000 万人居住在距离火山口不到 70 千米的范围内。自 1994 年以来，该火山一直处于活跃状态，如今的火山体由大量熔岩流形成。在过去的 2.3 万年中，这座火山至少发生了 5 次普林尼式喷发。大约 1.4 万年前的一次普林尼式喷发（VEI=6）是波波卡特佩特火山有记录以来最剧烈的一次喷发，浮石掺杂着安山岩喷涌而出，火山灰最远落到了墨西哥城。

　　公元 1 世纪（大约 2000 年前），波波卡特佩特火山发生了另一次火山爆发指数达 6 级的普林尼式大喷发，产生了一个高达 20 千米至 30 千米的喷发柱。据估计，此次喷发在火山口以东至少 25 千米、超过 240 平方千米的范围内，沉积了不少于 3.2 立方千米的黄色安山岩质浮石。浮石和火山灰

图 88 墨西哥波波卡特佩特火山经普林尼式喷发而喷出的浮石和火山灰层

完全掩埋了波波卡特佩特火山东北侧的泰提姆帕村,将这个人口分散居住的农业型大村庄永远封存了起来。同时,喷发柱坍塌产生了毁灭性的火山碎屑流,向墨西哥盆地流去的碎屑流掩埋了火山的西北侧。

　　火山学家认为,波波卡特佩特火山的这次普林尼式喷发发生在当年10月到次年5月的旱季期间。当时盛行西风,这解释了火山灰为何向东扩散。考古证据支持了这一解释,证据显示当时田地里没有种植农作物,且当地储藏供应短缺。

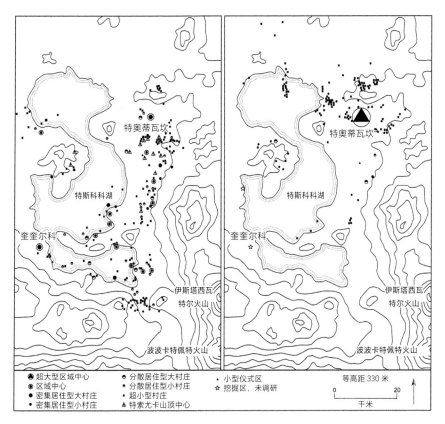

图 89 公元前 300—前 100 年（左图）和公元前 100—公元 100 年（右图）墨西哥盆地的聚落分布图。随着时间的推移，人们向北迁徙，远离火山，特奥蒂瓦坎附近人口更加集中

波波卡特佩特火山喷发带来了毁灭性的影响。从短期来看，下一季度的种子被毁；而从长期来看，狩猎区和耕作土壤受到破坏。数千人被迫搬离，向北迁徙到特奥蒂瓦坎（Teotihuacan），或者向东迁至乔卢拉（Cholula）。随着时间的推移，特奥蒂瓦坎的人口急剧增加，成为西班牙殖民时代墨西哥最繁华的城市。而这离不开约 1000 年前，波波卡特佩特火山再次发生毁灭性喷发的影响。如今，被当地居民称为"Don Goyo"的波波卡特佩特火

山仍然非常活跃，每天都有小型喷发，其中大多数局限于火山口，但也经常发生更大型的喷发。火山灰足以飘落到正东方向约 64 千米处的普埃布拉（Puebla）或西北方向约 90 千米处的墨西哥城。波波卡特佩特火山的火山灰不时扩散至墨西哥城国际机场，给民航和附近的几百万人带来麻烦。在写作本文时，波波卡特佩特火山就发生了一次较为剧烈的喷发，普埃布拉可以听到清晰的爆炸声。

火山与艺术

遥望高耸富士，似覆高大茶臼。

松尾芭蕉，33 岁

1644—1694 年

图 90 葛饰北斋名画《富岳三十六景》之《凯风快晴》

日本富士山或许算得上全球最著名的火山。日语中称其为"Fujisan"，其中的"san"是一个表示尊敬的后缀。日本的诗歌和艺术广泛赞誉了富士山，最早的画作可以追溯到平安时代（794—1185年）。葛饰北斋（1760—1849年）是日本江户时代声名卓著的艺术家，在描绘富士山的作品中，他绘制的《富岳三十六景》名气最响。此外，维苏威火山也是一座在诗歌、散文和艺术中享有盛誉的火山。

火山以各种方式直接或间接地影响了艺术创作。如果不是1816年那个糟糕的夏天，人们被迫待在室内而不能外出度假，那么玛丽·雪莱（Mary Shelley）的《弗兰肯斯坦》（*Frankenstein*）和拜伦（Byron）的《黑暗》（*Darkness*）可能永远都不会被创作出来。如前所述，坦博拉火山虽然于1815年在印度尼西亚喷发，但影响到了一年后的欧洲气候，尤其是1816年的夏天。1883年，喀拉喀托火山的喷发也激发了艺术家的灵感，许多伟大的艺术作品由此诞生，例如特纳描绘了英国日落时分粉红色、淡粉紫色和紫色天空的著名画作。

火山因其威力强大和不可预测性而蒙上传说和迷信的色彩。即使今天，人们仍会举行不少仪式以求火山的仁慈。火山被赋予人性（波波卡特佩特火山被称为"Don Goyo"，即圣格雷戈里镇的小伙子）、神性（夏威夷被认为是夏威夷女神贝利的故乡），或得到高度尊敬（富士山）。那不勒斯有一项著名而历史悠久的仪式——圣热纳罗的圣血奇迹。当地人相信，如果每年的9月19日，圣瓶中通常呈固态的"圣血"液化了，那么那不勒斯将迎来一个好年头，维苏威火山也不会喷发。每年3月12日，墨西哥波波卡特佩特火山附近城镇的居民也会举行属于他们的年度仪式。"波波卡特佩特"在纳瓦特尔语中意为"冒烟的山"。当地人每年都会爬上火山，用鲜花装饰祭坛，摆上水果和龙舌兰酒。这些都是留给火山的礼物，好让它快乐地"吸烟"。

5

火山灾害

图 91（左） 爪哇岛默拉皮火山是一座典型的层状火山，火山锥体巨大，爆炸性强，喷出的熔岩呈中等黏性

远处，有一朵云正从不知哪座山头（后来发现是维苏威火山）向上爬升。我给不出更准确的描述，只能把它比作松树。它宛如一根挺拔的树干，冲向高空，又在顶部伸展出枝叶。我猜，也许这朵云是被一阵突然吹来的气流推动着，越往上，推动它的力量就越弱；或者，云被自身的重量压回，以刚才提到的方式伸展开去。它看起来时而明亮，时而暗淡，斑斑驳驳，因为或多或少地裹挟了泥土和火山渣。

小普林尼

写给科尼利厄斯·塔西佗的信（第 65 封）

火山灾害

火山灾害类型多样，这与火山活动的类型和每座火山的具体特征有关。"危害足迹"（即可能受特定灾害影响的区域）这一概念涉及该地区可能面临的各种自然灾害，以及该地区本身的物理特征。火山活动会对人类构成许多威胁，例如，火山灰降落、火山碎屑、火山弹（因火山爆发产生的岩石坠落等）、火山碎屑流、气体释放、熔岩流、火山泥流、岩屑崩落、山体滑坡和海啸。火山灾害可大致分为两种主要类型：原生灾害，即直接灾害；次生灾害，即间接灾害。原生灾害与火山喷发直接相关，例如沉降物（火山灰、火山碎屑、火山弹），岩流（火山碎屑流和熔岩流），以及释放出的气体。次生灾害指所有与火山的存在、形态和喷出的岩石类型（如松散的岩石和陡峭的侧翼）有关，但未必与火山喷发同时发生的事件。火山泥流、岩屑崩落和山体滑坡都是火山活动可能诱发的灾害，因此属于次生灾害。海啸是一个特例，既可能直接与火山喷发相关，也可能由随后的山体滑坡及地震引发。

本章中，我们将探讨火山灾害的主要类型、案例和减灾对策，并分析对火山的监测和喷发预测，以及由火山学的法证分析法（研究岩石记录和火山喷发历史）得出的信息。

火山灰

> ……然后，我们又坠入一片浓稠的黑暗中，火山灰如大雨倾盆而下，我们只得时不时站起来，把灰抖掉，否则早就被压碎、掩埋在火山灰下面了……
>
> ……这可怕的黑暗终于渐渐消散，如云似烟；白昼回归，甚至连太阳也探了头，只不过散发着一种苍白的光芒，仿佛日食即将来临。我们的视觉受到了极大的影响。浮现在眼前的每一个物体似乎都变得不一样了，深藏在灰烬之下，如被积雪覆盖。
>
> 小普林尼
写给科尼利厄斯·塔西佗的信（第66封）

火山灰产生于火山爆炸式喷发期间，可以被风和高空大气循环输送到很远的地方。1991年，皮纳图博火山喷发，喷发柱高达34千米，喷出的火山灰在22天的时间内就环绕了地球。火山灰危险性极高，会引起呼吸系统疾病和眼部炎症，堵塞空调装置和供水系统，破坏关键基础设施，导致屋顶坍塌，甚至影响远离火山喷发地区的航空运输。2010年，冰岛埃亚菲亚德拉冰盖冰川火山（Eyjafjallajökull）喷发，导致欧洲大部分领空突然关闭，

图 92 2010 年，冰岛埃亚菲亚德拉冰盖冰川火山喷出的火山灰导致欧洲大部分领空关闭

停飞 5 周之久，给民航业造成了巨大的经济损失。火山灰还会覆盖土壤、植物和建筑物，并且很难清除。

　　火山灰的扩散距离在很大程度上取决于风况和喷出的火山灰总量。因此，不仅火山的喷发类型和喷发规模很重要，火山的地理位置和喷发时间也同样重要。火山灰随风扩散，分布状况由风向决定，距离火山越远，沉积的火山灰越薄。每年 6 月至 10 月期间，波波卡特佩特火山喷出的火山灰更有可能抵达墨西哥城，因为这段时间风从火山向西吹向墨西哥城；而 11 月至 5 月期间，火山灰更有可能向东扩散到普埃布拉。

　　火山灰是火山碎屑中最细微的部分。火山碎屑是一个宽泛的术语，指火山发生爆炸式喷发时，岩浆在膨胀的火山气体作用下破碎后形成的岩石（见第 58—59 页）。较大的火山碎屑（火山弹和火山块）不会移动太远，基本沿着抛射轨迹落在 5 千米以内，对局部地区构成威胁。浮石更轻，可以与火山灰一起被传输到较远的地区，传输量随着与火山距离的增加而减少。公元79年，维苏威火山喷发初始阶段喷出的浮石将庞贝古城掩埋了3—4米之深。而坠落的火山灰是发生频率最高、涉及范围最广的火山灾害，因为即使在中小型爆炸式火山喷发期间，也会喷出火山灰。火山灰可能会带来大范围且长期的影响，因为火山喷发可以持续数天甚至数年。此外，在火山喷发后的很长一段时间内，火山灰可能会因风、雨（即火山泥流）或人类活动而再次移动并沉积。1991年，皮纳图博火山喷发期间的大部分伤亡是由屋顶压塌而造成的。潮湿的火山灰比干燥时更重，约15厘米厚、又湿又重的火山灰将当地平房的屋顶压垮，导致约320人遇难、279人受伤。火山灰还会渗入缝隙，导致电路短路，影响机械系统。在火山附近，火山柱中带电粒子的相互作用还可能引起强烈雷暴。

图93 1991年，菲律宾皮纳图博火山喷发后，汽车被火山灰覆盖。喷发导致的伤亡多数是由于潮湿的火山灰将屋顶压塌而造成的

火山灰的危害还体现在一个重要方面，那就是对农业和畜牧业的影响。像人一样，动物也会因为火山灰而产生呼吸道疾病和眼部炎症。目前，人们尚不清楚食用被火山灰污染的草会给动物带来何种影响，但对于持续喷发的火山的周边地区，这个问题可能尤为重要。在这些地区，氟中毒、齿裂、骨损伤以及呼吸系统疾病可能会很常见。最后，火山灰很难清理和去除。雪可以从道路、屋顶和城区铲走，堆积在某处，几周后便会融化。但火山灰不同，它不会融化，只能以高昂的经济成本进行人工清理和处理，这给火山喷发所带来的经济损失再添一筹。

熔岩流

熔岩流出现频率较低，却具有极强的致命性。自 1900 年以来，熔岩流导致的伤亡人数已达到 824 人。尽管在少数案例中，熔岩流曾被成功引流。但整体而言，熔岩流难以阻挡，可以引发燃烧，也能碾压或掩埋人 / 物，因此具有极高的破坏性。在笔者写作本文时（2018 年 7 月），夏威夷的基拉韦厄火山（Kilauea Volcano）已经喷发了两个多月。基拉韦厄火山位于更大的莫纳罗亚火山的东南侧，多年来一直被视为莫纳罗亚火山的卫星山，而非一座独立的火山。夏威夷是一座火山岛，是"夏威夷－帝王海山链"中最年轻的岛屿。其火山活动与地幔柱或热点的存在有关（见第 2 章），不同于我们迄今为止见到的大型层状火山，如皮纳图博火山、坦博拉火山、喀拉喀托火山、波波卡特佩特火山和富士山。基拉韦厄火山是一座盾状火山，有爆炸式活动，但非常有限，以溢流式活动（见第 2 章）为主，特征为可流动数千米远的玄武质熔岩流。

2018 年 4 月 30 日起，夏威夷附近接连发生地震，震级逐步增强。5 月 3 日下午，基拉韦厄火山开始喷发。基拉韦厄火山的火山口叫作哈雷茂茂火

图 94 2018 年 6 月，夏威夷基拉韦厄火山喷发，熔岩从活跃的裂缝中倾泻而出

山口（Halema'uma'u），被一个熔岩湖所占据。火山喷发后，熔岩开始不断从东侧的裂缝（即东部裂谷带）向莱拉尼庄园（Leilani Estates）社区的市区方向流去。最终，熔岩湖完全消失，火山口底部以每天 6—8 厘米的速度下沉且不断扩大，并频繁引发地震。自 22 处裂缝涌出的熔岩流一路奔向大海，摧毁了莱拉尼庄园的部分区域。夏威夷火山天文台网（USGS-HVO）经常发布精准信息和精彩视频，是一个很好的信息源。据报道称，没有人员伤亡，但许多人被迫搬离。他们失去家园，遭受了重大的经济损失，生活变得支离破碎。与此同时，基拉韦厄火山周围的景象已经发生了翻天覆地的变化，重新恢复了活力。

图 95 刚果民主共和国尼拉贡戈火山的熔岩湖与熔岩流。这是世界上最危险的火山之一，其熔岩湖的特点是熔岩流动性极强、移动速度极快

　　基拉韦厄火山的熔岩流流速缓慢，人们有充足的时间逃离。但 1977 年，刚果民主共和国的尼拉贡戈火山（Nyiragongo Volcano）喷发时，熔岩流以高达 60 千米 / 时的速度移动。这是由于此次熔岩流的温度极高（约 1370℃），并且二氧化硫含量低，二氧化碳含量高。迅速移动的熔岩席卷了几个村庄，据估计，有 600 人因此丧生。自 1900 年以来，在由熔岩流引起的伤亡中，大约有 92% 是由尼拉贡戈火山造成的。2002 年 1 月 17 日，这座火山发生了更具破坏性的喷发，熔岩流从海拔 3470 米处的火山口熔岩湖中倾泻而下，

图 96 从冰岛埃尔德菲尔火山看到的黑迈伊岛

迅速到达 17 千米外，位于基伍湖（Lake Kivu）岸边的戈马市（Goma）。据估计，这次喷发中，尼拉贡戈火山口和裂缝中喷出了 2500 万立方米的熔岩。

两股熔岩流涌入戈马市，市内约 13% 的区域被毁，约 21% 的电网以及机场大部分区域和大量经济资源遭到破坏。火山喷发造成约 150 人死亡，主要原因是二氧化碳引起的窒息和加油站爆炸，另有 470 人受伤。这场灾难迫使 30 万至 40 万人撤离至邻国卢旺达的边境。长期以来，刚果和卢旺达的种族和军事冲突不断，这一次人口外流更进一步加剧了两国边境处的人道主义悲剧。

科学家将"减缓"定义为一种降低自然灾害带来的影响，同时减少损失的行为。对于熔岩流，最好的减缓策略是在个人、地方、区域和国家层面分别针对损失进行规划。利用障碍物引流，或炸毁熔岩通道从而使熔岩流向其他方向等方法，这些方法已在意大利、日本、冰岛和夏威夷成功实施。1973 年，冰岛黑迈伊岛（Heimaey）上的埃尔德菲尔火山（Eldfell Volcano）喷发，冰岛人向熔岩流喷洒了大量海水，以减缓其移动速度，试图借此拯

图 97　1973 年，埃尔德菲尔火山喷发后，一座几乎被火山渣掩埋的房子

救韦斯特曼纳埃亚尔镇（Vestmannaeyjar）及港口。尽管部分城镇被摧毁，但总体而言，付出的努力没有白费。火山喷发过后，居民返回城镇将之重建，并充分利用了地热能。然而即使最佳的应对策略也饱受争议且成本高昂，而且人们只能争取更多时间，永远不可能阻止火山喷发。

火山碎屑流

　　2018 年 6 月 3 日，危地马拉的富埃戈火山（Fuego Volcano）喷发，造成至少 113 人死亡、332 人失踪。数千名受害者流离失所，至今仍居住在临时避难所中。火山附近的人们死于火山碎屑流，这是所有火山灾害中最为

图 98 2014 年 1 月，印度尼西亚锡纳朋火山（Sinabung Volcano）喷发期间产生了
火山碎屑流。火山碎屑流由火山灰、浮石、气体和岩石的炽热混合物发生崩落后高速
移动形成，是最为致命的火山灾害

致命的一种。火山碎屑流，即火山碎屑密度流，是指在爆炸式火山喷发柱
因自身重量坍塌后，崩落的火山灰、浮石、气体和岩石的炽热混合物（参见
第 2 章）。火山碎屑流的温度可达 400—500℃，以超过 300 千米／时的高
速沿火山侧面向下流动，同时抹除沿途的一切。火山碎屑流最远可以到达
100 千米以外的地方，覆盖超过 2 万平方千米的区域。所经之处，除了留下

一片狼藉，只有炽热、厚重、体积可达 1000 立方千米之巨的火山碎屑沉积物。当沉积物富含浮石时，会形成熔结凝灰岩。无人能在火山碎屑流面前逃脱、存活，远离是唯一的生存之路。

有许多案例揭示了火山碎屑流的致命性。最著名的一次是公元 79 年，摧毁了赫库兰尼姆城和庞贝城的维苏威火山喷发（见第 2 章）。火山碎屑流通常与普林尼式喷发柱的坍塌有关，但如果富含气体的熔岩穹丘发生爆炸进而产生横向冲击波，也可能会引发火山碎屑流，如 1902 年的马提尼克岛培雷火山（Pelée Volcano）喷发和 1980 年的圣海伦斯火山喷发。1991 年，

图 99 1980 年 5 月 8 日，美国圣海伦斯火山发生了毁灭性喷发。横向冲击波引发了岩石滑坡，穹丘爆炸产生了火山碎屑流，由此出现的毁灭性岩屑崩落摧毁了数百平方千米的区域。附近森林中的树木全都匍匐在地，57 人遇难，数以千计的动物死亡。火山上的冰、雪、冰川融化，形成了绵延 80 多千米的火山泥流，造成了更进一步的破坏

日本云仙火山（Unzen Volcano）喷发期间，就因熔岩穹丘在重力作用下崩塌而产生了火山碎屑流。圣海伦斯火山和云仙火山都彻底摧毁了途经的地区，并夺走了许多人的生命。不少火山学家也因此丧命，如在圣海伦斯火山喷发中逝世的大卫·A.约翰斯顿（David A. Johnston），在云仙火山喷发中逝世的凯蒂娅·克拉夫特（Katia Krafft）、莫里斯·克拉夫特（Maurice Krafft）和哈利·格里肯（Harry Glicken）。1902 年 5 月 8 日，培雷火山喷发，马提尼克岛的圣皮埃尔市被彻底摧毁，除一名被锁在监狱地牢中的囚犯外，市内约 2.8 万人全部遇难。

火山碎屑流流经后的景象令人见之胆寒：树木折断、房屋被毁、火势不绝，一切都被埋在数米深的火山碎屑沉积物之下。除了结合高温、动态压力

图 100 一个带着孩子的成年人化石。公元 79 年，意大利维苏威火山喷发，他们在庞贝城不幸遇难。此人双手握紧，呈拳击姿势，这是在高温下死亡的典型特征

（即运动物体的压力）、高密度和高速等危险特性之外，火山碎屑流同时使空气中密布细小颗粒，因而极具致命性。就高温而言，其影响在庞贝古城中清晰可见，近期喷发的危地马拉富埃戈火山同样留下不少令人心中不安的画面。这些地方的遇难者们通常摆出"拳击"的姿势，这是在高温中遇难的典型特征。此外，火山碎屑流还会裹挟沿途遇到的所有物品（松散的岩石、树木、建筑材料等）。这些物品的威力和效果堪比导弹，进一步增强了火山碎屑流的破坏力。庞贝古城曾出土了一具十分震撼的人类化石。据考古学家们研究，在公元 79 年维苏威火山喷发期间，该男子试图逃离汹涌的火山碎屑流，却被一块石头（也可能是大门侧柱）斩首。

术语解析

火山碎屑流 富含火山灰和火山气体的炽热流体，由重力驱动，沿地面水平移动。这是一个通用术语，既指高密度的火山碎屑流，也指密度较低的岩流。

凝灰岩 由浮石、火山灰和岩石碎片（岩屑）组成的火山碎屑流经沉积、凝固而形成的岩石，通常在火山的大型爆炸式喷发期间形成，分为熔结凝灰岩和非熔结结构的凝灰岩。

横向冲击波 火山的熔岩穹丘由于突然崩塌而迅速减压，产生水平而非垂直方向喷发的火山碎屑流。

块灰流 规模较小的火山碎屑流，由熔岩穹丘崩塌产生，主要由致密的大块岩石碎片和中粗粒的火山灰组成。

火山喷发前兆 火山活动异常时期，以下一个或多个参数发生变化：地震活动性（地震的频率、位置和类型），地表变形，气体释放，以及喷气活动的地球化学表现。一段时间的火山喷发前兆活动不一定会导致火山喷发。

图 101（左） 危地马拉富埃戈火山在夜间喷发，形成了熔岩喷泉和熔岩流

火山泥流

2008 年 5 月 2 日，位于智利安第斯山脉南部鲜为人知的小型（海拔 1122 米）柴滕火山（Chaitén Volcano）发生大规模的普林尼式喷发。这次喷发十分突然，前 36 小时内的前兆地震信号十分有限。距离火山 300 多千米的仪器探测到了该火山的喷发。普林尼式喷发柱的高度达到了 20 千米，喷发持续了大约 6 个小时，并产生了小规模的火山碎屑流。随后，5 月 6 日，第二个类似的普林尼式喷发柱出现；5 月 8 日，第三个喷发柱出现；5 月 10 日至 12 日之间，新的穹丘开始在火山口内生长，伴随着小型喷发柱和蒸汽释放。柴滕火山的活动一直持续到 10 月。火山灰羽流导致受影响地区多个机场停运，往返于智利和阿根廷之间的数百次航班取消。火山灰还严重影响了附近科尔科瓦多湾的水产养殖业。然而，真正的灾难于 5 月 12 日才真正开始，洪水和雨水引发的火山泥流将柴滕镇一分为二，半个小镇被彻底摧毁。幸运的是，在 5 月 2 日柴滕火山第一次爆发普林尼式喷发后，该镇的 4625 名居民就已被疏散。但是火山喷发仍造成了巨大的经济损失（估计可达 1200 万美元），并且对居民造成了严重的影响。这场灾难性事件已经过去了十余年，可柴滕镇居民仍在努力接受现实。当然，人类极具韧性。一个由"亲文化基金会"（Fundación ProCultura）领导的项目正致力于将该镇被毁坏的区域改造成一个露天火山博物馆。该博物馆将保留柴滕镇的火山活动痕迹，并展示当地居民和科学家为防止未来发生类似灾难而做出的努力。

火山泥流是火山斜坡上的碎屑物经雨水冲刷后流动而产生的一种泥石流。火山泥流并不一定由火山喷发引起，火山喷发几十年后也可能出现火山泥流。1998 年 5 月 5 日至 6 日，意大利南部坎帕尼亚大区的萨尔诺镇（Sarno）和昆迪奇镇（Quindici）就发生了此类事件。当时，由强降雨引发的一系列火山泥流造成 150 多人死亡。萨尔诺和昆迪奇地处维苏威火山以

图 102　2008 年，智利柴滕火山喷发。几天后，房屋被雨水引发的火山泥流摧毁

图 103　2016 年，柴滕火山口内出现的新火山穹丘，此时距该火山喷发并摧毁了柴滕镇部分区域已过去了 8 年

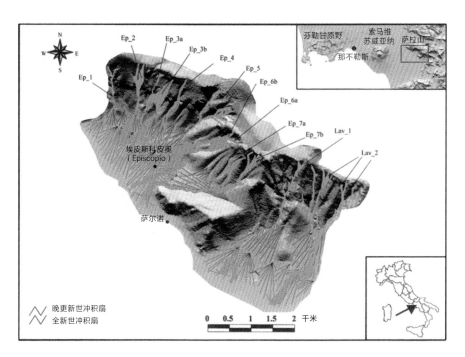

图 104 萨尔诺地区（位于维苏威火山以东约 30 千米）的数字高程模型（DEM）。绿色标示了该地区在 1998 年 5 月 5 日至 6 日期间被火山泥流摧毁的区域，红线和蓝线标示了冲积扇。当时，主要由维苏威火山喷发产生的松散物质被强降雨带动，引发的火山泥流沿火山侧翼倾泻而下

东，距其约 30 千米，附近是崎岖陡峭的山地。该山区正处于维苏威火山的下风向，因此沉积了大量过去火山喷发时产生的火山碎屑物。那一年的降雨异常多，加上多年来陡坡上的植被因农业活动而遭到破坏，火山泥流变得尤为致命，形成了约 34 个小型流域盆地。

由于情况不同寻常、环境保护不力，萨尔诺镇成为火山灾害中的一个极端案例。不过，在火山喷发期间或刚刚喷发后，强降雨确实容易使新鲜而松散的火山物质再次移动，导致附近区域出现致命的火山泥流。1985 年，内瓦多·德·鲁伊斯火山（Nevado del Ruiz Volcano）喷发导致冰帽融化，

随后形成的火山泥流掩埋了哥伦比亚的阿尔梅罗镇（Armero），造成 2.2 万人死亡。

预测火山灾害与降低灾害风险

火山学的一大目标是预测火山喷发，以挽救生命、保护财产并提高社区的恢复力。与地震不同，火山喷发前通常会有预示活动，例如火山地震活动、火山体变形、喷气孔喷出更多气体。这些前兆信号可能出现在火山喷发前的几天或几个月。最近的一项研究发现，大约 50% 的层状火山会在观测到喷发前兆活动的一个月内喷发（见第 133 页专栏）。然而，并不是所有火山喷发前兆活动都会以喷发告终。这些火山活动有时会引起无效警报，从而导致当地社区降低对此类信息的信任度。

探测和识别早期前兆信号是预测火山喷发，并进行提前规划以减轻受灾情况的最佳方式。为此，我们需要全面了解火山活动并时刻予以关注。监测是基础，深入了解火山过去的行为模式是重中之重。由此，火山学家建立起火山活动的概念模型，并特别关注不可见的火山内部管道系统，因为岩浆在这里储存，火山喷发在这里酝酿。对于短期预测而言，监测数据至关重要；对于长期预测而言，将监测数据与火山学科学分析法相结合则更为有效。借助地质学、岩石学（即岩石成因和岩石构成）和地质年代学（即岩石测年）数据，生成火山概念模型，用于解释监测数据、量化不确定性，从而降低风险，帮助管理。

火山监测

科学家对火山的系统监测始于 1845 年意大利那不勒斯的维苏威天文台。1855 年至 1872 年间，时任天文台负责人的卢伊吉·帕尔米里发明了多种仪器，并首次探测到火山信号。1911 年至 1914 年，定义了衡量地震烈度的麦加利烈度表的朱塞佩·麦加利出任负责人，并对火山喷发进行分类。维苏威天文台的成立标志着火山监测这门科学的诞生，为全球火山观测站的建立奠定了基础。这些专门设立的火山观测站负责火山监测，提供火山危险性信息，大部分情况下还会设置火山预警级别，发布未来火山活动的预测。预警通常采用颜色代码标识：绿色、黄色和红色。每种颜色都代表着不同的关切度，红色是最高级别预警，象征着火山即将喷发或正在喷发。此外，火山观测站也可以与当地民防组织合作。

火山喷发的早期预警信号可以通过原位仪器和远程仪器进行监测。主要由火山观测站实施，地面、大气甚至太空中都可监测。长期收集的数据有助于建立火山的正常活动基准，帮助识别火山的早期喷发前兆活动。大多数火山的特点是喷发期与不同长度的休眠期交替出现，但也有许多火山具有相对规律的活动（例如，意大利的埃特纳火山和斯特朗博利火山、墨西哥的波波卡特佩特火山和科利马火山，以及美国的夏威夷群岛）。英国自然历史博物馆史密森学会推出的"全球火山活动计划"提供了当前存在的活火山列表和其他有用的信息。

预示火山将要喷发的自然现象主要有 4 个：地震活动、地面变形、脱气

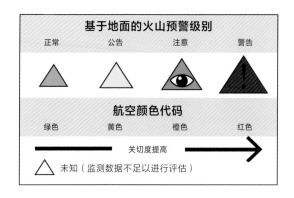

图 105 火山预警级别与航空颜色代码相关联。从绿色到红色，关切度不断提高。绿色表示正常，红色表示警告火山即将喷发或正在喷发

（degassing）和热异常。在某些情况下，还可能观测到第 5 种信号——熔岩湖变化，例如 2018 年 7 月时基拉韦厄火山的哈雷茂茂火山口。火山监测涉及许多不同参数的测量，综合分析这些参数有助于确定火山的状态。

地震活动是火山喷发前兆的主要标志之一。对于任何一个火山观测站而言，监测火山地震都是工作的重中之重。火山地震的烈度通常低于构造地震，如果没有适当的监测网络，甚至可能不会被发现。如果火山附近部署了良好的地震监测网络，火山学家还可以借此区分不同类型的地震信号，并通过这些信号推测特定的火山事件和火山活动。岩浆、流体和气体的运动，以及地下深处应力增加而导致的岩石破碎，都会使火山地震产生特定的地震波。岩石坠落、崩落和火山泥流等地表活动也会产生特定的地震信号，这些信号均可被监测。因此，地震监测网络是短期火山灾害预测的基石。

岩浆房或上覆地热储层中的压力变化会引起地面抬升或沉降变形。地面抬升可能出现在火山喷发前，也可能出现在最终没有喷发的火山喷发前兆活动时期。意大利南部坎皮佛莱格瑞火山的火山口可经常观察到地面变形，意大利波佐利市（Pozzuoli）的索尔法塔拉火山（Solfatara Volcano）有相同情况，希腊的圣托里尼火山也在 2011 年被观测到地面发生了巨大的变化。地面变形可以通过地面倾斜仪、激光测距仪、高精度水准仪或全球定位系统（GPS）进行测量。得益于现代卫星，火山学家甚至可以监测到最偏远地区的火山地面变形。其实，如今科学家对地面仪器的需求已大大减少，地面仪器曾一度限制了科学家测量火山地面变形的能力，因为在全球每一座火山上都安装地面仪器是不可能的事。随着监测能力的提升，已知发生地面变形（即处于喷发前活动状态）的火山数量在大约 10 年的时间里增加了 5 倍。

火山口内或山顶附近的喷气孔是火山释放气体的通道。正如我在第 2 章中所说，火山气体是岩浆的基本成分之一，在决定火山喷发的类型方面起着重要作用。因此，对火山气体及其成分、通量（即气体的流速及变化情

图 106 意大利那不勒斯波佐利市瑟拉皮德（Serapide）古庙的考古遗址。这座古庙被淹没在水中。由于坎皮佛莱格瑞火山的活动，此处地形不断变化（抬升或沉降），水位也因此随时间而变化

况）、温度的测量，以及对这些参数随时间变化的监测，在火山监测中尤为重要。近年来，火山气体成分、温度和通量的测量方式已经大有改变。原本的原位测量方法需要科学家将自己置身于高风险中，在非常接近喷气孔的地方花时间进行测量和取样。现在，通过卫星等远程仪器，科学家可以对火山气体、火山灰羽流进行远距离测量。原位测量和基于地面的测量方法仍然具有极大的价值，但远程技术正日渐流行。

　　火山监测至关重要，特别是对于预防短期内的火山灾害。火山监测给出了火山活动的基准模型，使人们得以深入了解火山活动模式，并将之应用于制订应急计划和向民众发出警报。然而，全球有数百座火山处于活跃或喷发前活动状态，且其中大多数要么位于地球上的偏远地区，要么人类对其一无所知。因此，科学家不可能对每一座火山实行监测。最近的一项

研究表明，在 16 个国家的 441 座活火山中，约有 384 座火山监测不足或根本没有监测。正如我们所知，火山喷发前兆活动不一定会以喷发而告终，判断火山喷发前兆活动是否会走向火山喷发仍然是科学界和火山观测站所面临的一项重大挑战。

火山学的取证分析法

火山监测对于了解火山活动的现状、勾勒火山"正常"行为的基准和分辨火山的喷发前活动时期至关重要。而充分了解火山以往的喷发行为是研究火山活动模式的根基。基于对火山往昔情况的认识，科学家可以更好地分析监测数据，尝试模拟未来不同类型和规模的喷发场景，量化不确定性，并绘制不同类型的火山灾害地图。所有这些都有助于对火山活动进行长期预测，从而实现更有效的风险管理。地质学、岩石学和地质年代学数据定义了目前的火山学法证分析法。通过观察火山产生的岩石记录，科学家了解过去，理解现在，并希望能预见未来的发展。

重建地质记录及地质年代学数据（即岩石记录测年）使科学家能够划分火山地层，并了解火山过去的喷发活动，例如：火山喷发类型和频率；喷发活动的周期，即火山活动是否存在溢流式喷发与爆炸式喷发的周期性转变；以往火山灾害的类型，即熔岩流、火山碎屑流、火山灰坠落等；不同类型火山活动影响的区域；喷发活动的持续时间；等等。这些数据既可用于了解火山的完整历史或单次喷发的详细情况，也可用于绘制具有高应用价值的火山地图。其中既包括单座火山地图（显示某座火山的完整喷发历史），也包括特殊灾害影响地图（模拟特定喷发期间火山灰、火山碎屑流或熔岩流扩散、降落或途经的受影响区域）。然后，通过这些地图，或将之与数值模拟模型技术相结合，科学家可得到各种火山灾害的影响模型，以此协助制订应急计划，向火山附近居民发布通知。

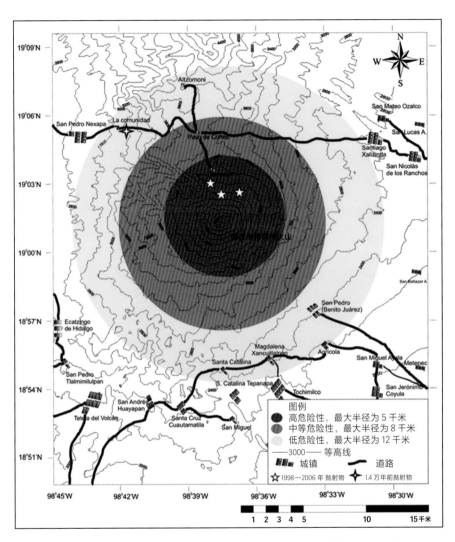

图 107 墨西哥波波卡特佩特火山抛射物的危险性模型，火山抛射物包括直径大于 64 毫米的火山弹和岩石碎片。从黄色区域至红色区域，抛射物抵达的风险递增。标有五角星的位置代表 1998—2006 年观测到的抛射物坠落点；四角星代表一处可追溯到 1.4 万年前的抛射物坠落点

矿物：信息档案

岩石学是一门研究岩石构成和来源的学科。火成岩岩石学家研究由岩浆形成的岩石，也研究火山形成的岩石。火山岩的构成可以揭示很多关于火山构造和岩浆环境的信息（见第2章），通过观察岩浆中的矿物结晶（即所谓的"晶粒"），还可以获得更多信息。事实上，矿物从储存在火山管道系统的岩浆中晶化而来。大多数形成火山岩的矿物在喷发前就发生了结晶作用，称得上是火山的信息档案。它们是火山的信使。

提取晶粒中的信息绝非易事。岩石学家首先在岩相显微镜下仔细观察岩石。想要做到这一点，科学家必须使用一种切割至极薄、可以透光的岩相学薄片。通过观察薄片，岩石学家们可以识别构成岩石的不同矿物，同时提取

图 108 岩相显微镜下的火山岩。其中的轻矿物为斜长石，化学式为（Na,Ca）（Al,Si）$_4$O$_8$；有色矿物为辉石，化学式为（Ca,Mg,Fe）$_2$Si$_2$O$_6$

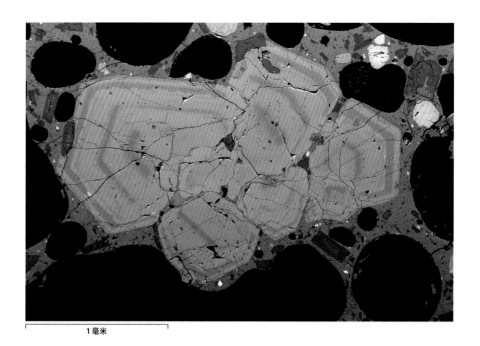

1毫米

图 109　来自意大利斯特朗博利火山的火山岩在高分辨率电子显微镜下的成像。灰色矿物族是辉石，不同色调的灰色表示成分各异的晶体的不同部分。细粒的灰色基质由微小晶粒和火山玻璃组成，矿物被其包围

其他的有用信息，如岩石的质地、矿物彼此之间的关系等。因为形成大块矿物所需的时间更长，所以大块矿物一定比小块矿物形成得更早。借此，岩石学家可以推算出矿物晶化的顺序，进而得到火山喷发前的重要信息。人们也能够分析出晶化顺序如何随着岩石构成的变化而有所不同，从而追踪岩浆的演变，即储存在岩浆房中、二氧化硅含量相对较低的玄武岩转变为富含二氧化硅的岩浆过程中的成分变化（见第 39—40 页中与岩浆有关的内容）。

　　具备高精度和高空间分辨率的现代分析技术能够测量某一矿物的化学成分。大多数现代分析技术都是非破坏性的，矿物不会在分析过程中遭到损毁，同一矿物可以使用不同的技术来加以分析。通过这种方式，我们可

以破解锁定在矿物结构和成分中的重要信息，重建晶粒生长时所处岩浆的物理环境（压力和温度）和化学成分。我们还能够测量火山喷发前岩浆中的挥发物含量，这一点在应对爆炸式喷发时极为关键。在过去20年左右的时间里，一项重大进展使研究人员能够在某些情况下提取出另一重要信息：火山喷发前，矿物在特定岩浆环境中停留的时间长度。

　　喷发前，矿物在火山下方的岩浆中生长。如同年轮记载树木的成长，矿物也记录了火山喷发前岩浆成分的变迁。当成分、温度可能不同的新岩浆进入岩浆库并与原本的岩浆混合后，矿物继续生长，其中新的成分则反映出岩浆条件变化的情况。此时矿物会形成一个成分条带，类似于树干中新生的一圈年轮。通过分析各成分条带，科学家可以重建矿物的生命历程，因为在火山喷发前，矿物的形成受到各种物理化学条件（尤其是温度）和时间长短的影响。以这种方式收集的信息有助于科学家了解火山酝酿一次喷发所需要的时间。尽可能多地掌握火山以往喷发的信息，科学家就可以更好地推测火山行为，结合监测数据，可以在火山危险性评估和未来喷发的预测方面提供巨大的应用价值。

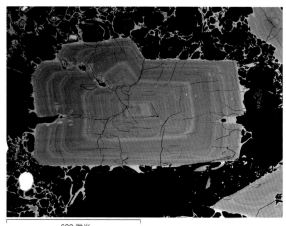

600 微米

图110 波波卡特佩特火山浮石，以成分分区的斜长石晶粒被火山玻璃（灰色细线）包围。这幅图成像于高分辨率电子显微镜下，不同色调的灰色表示晶粒不同部位的不同成分。矿物如树木的年轮一样，以同心圆的方式从中心向边缘一圈圈生长，随环境变化而改变成分

致 谢

写作本书的过程既趣味盎然，又堪称一场冒险之旅；既经历了一些曲折，也使我认识了许多志同道合的伙伴。

首先，感谢合著者罗伯特·斯坎多内和亚历克斯·惠特克，他们为本书的诞生做出了的巨大贡献。感谢理查德·赫林顿（Richard Herrington），在他的鼓励下，我才萌生了创作本书的念头。

其次，非常感谢希拉里·道恩斯（Hilary Downes）和克里斯·斯坦利（Chris Stanley）帮忙修改本书的内容和行文。感谢丹尼尔·安德罗尼科（Daniele Andronico）和利塞塔·贾科梅利（Lisetta Giacomelli），他们慷慨地同我分享了世界各地精美绝伦的火山照片；感谢埃莉奥诺拉·布拉斯基（Eleonora Braschi），不辞辛劳地帮助我寻找需要的照片。感谢萨拉·罗塞尔（Sara Russell）和保罗·斯科菲尔德（Paul Schofield）给予我情感上的支持，这对我而言意义重大。感谢特鲁迪·布兰南（Trudy Brannan）及其团队训练有素的编辑处理能力和对文本的透彻解读。

此外，我还要感谢我的同事，与他们的共事让我感受到莫大的激励。要感谢的人太多，无法一一提及，但我希望你知道，我十分感激你的帮助。

最后，感谢搭档贝蒂（Betty）一直以来给予我的支持和鼓励。感谢父母，即使在艰难困苦的时刻也一直守候着我。

基娅拉·玛丽亚·佩特罗

图片版权

图书在版编目（ＣＩＰ）数据

地震与火山 : 地球的创造与毁灭 / (英) 基娅拉·
玛丽亚·佩特罗 (Chiara Maria Petrone) , (意) 罗伯
特·斯坎多内 (Roberto Scandone) , (英) 亚历克斯·
惠特克 (Alex Whittaker) 著 ; 邓柯彤译. —— 杭州 :
浙江教育出版社, 2024.4
　ISBN 978-7-5722-6545-7

Ⅰ.①地… Ⅱ.①基… ②罗… ③亚… ④邓… Ⅲ.
①地震—普及读物②火山—普及读物 Ⅳ.① P315.4-49
② P317-49

中国国家版本馆 CIP 数据核字 (2023) 第 177661 号

Volcanoes and Earthquakes was first published in the United Kingdom in 2019
by the Natural History Museum, London.
Copyright © Natural History Museum, 2019
Images copyright see Picture Credits
This edition is published by Ginkgo (Beijing) Book Co., Ltd by arrangement
with the Natural History Museum, London.

本书中文简体版权归属于银杏树下（北京）图书有限责任公司

引进版图书合同登记号浙江省版权局图字：11-2023-313

审图号：GS 京（2023）0931 号

地震与火山：地球的创造与毁灭
DIZHEN YU HUOSHAN : DIQIU DE CHUANGZAO YU HUIMIE

[英] 基娅拉·玛丽亚·佩特罗　[意] 罗伯特·斯坎多内　[英] 亚历克斯·惠特克　著
邓柯彤 译　邓卫国 审校

选题策划：**后浪出版公司**	出版统筹：吴兴元
责任编辑：高露露	特约编辑：刘铠源
美术编辑：韩　波	责任校对：余理阳
责任印制：陈　沁	封面设计：墨白空间·杨和唐
图文制作：余潇靓	营销推广：ONEBOOK

出版发行：浙江教育出版社（杭州市天目山路 40 号）
印刷装订：天津雅图印刷有限公司
开本：690mm×960mm　1/16
印张：9.5
字数：190 000
版次：2024 年 4 月第 1 次印刷
印次：2024 年 4 月第 1 次印刷
标准书号：ISBN 978-7-5722-6545-7
定价：59.80 元